開一間
會賺錢的
餐飲店

30年專業經理人最不藏私的忠告，
從成本結構、用人方法、獲利模式，
到連鎖加盟的實戰策略

林仁益 著

THE
RESTAURANT

From the Initial Ideas to the
Grand Opening and Operations

Contents

推薦序

與時俱進的經營模式，因應傳統消費行為的劇烈改變

葉啟憲
國立高雄科技大學行銷與流通管理系所兼任教授
曾任：上海麗嬰房副董事長
麗嬰房集團首席顧問
上海常春藤董事長
台灣奇士美執行董事

科技不斷的進步，加速了數位時代腳步的來臨，它影響了人們的生活方式，也促進了大數據運用於企業界的經營與管理上，並成為企業管理決策的重要參考關鍵。

世代更替，消費者的年輕化，小家庭的普及化改變了傳統的消費行為：舉凡商品組合、業務模式、銷售方式以及服務流程……等，也面臨了劇烈變革的考驗。

虛擬通路的線上購物快速興起，嚴重的衝擊及影響了傳統實體通路的營運。

上述三項主要現象，相當程度的影響及改變了原有傳統實體商店的經營模式及行銷面貌，使原本就競爭劇烈的商店經營環境更形白熱化。

筆者從事流通業，尤其是在連鎖經營領域近五十年，深深以為開一家店並不難，難的是開一家好的、有魅力的，而且是獲利的店，但更難的是這家店是否能為持續繁榮、持續成長的永續經營店。

開一家好的、有魅力又獲利的店，不論其空間大小或產業別的不同，所應具備的條件或注意事項，基本上是沒有太大的差異的，譬如：正派優良的企業文化、正確的經營理念、精準的經營定位、與時俱進的業務模式、接地氣的行銷策略、有效的營運管理，以及量身訂製的支援平台建構……等等都必須完整俱備，缺一不可，不可因企業規模或商店空間較小、或產業別不同而輕忽，特別要注意店的三格（價格，店格，人格）的精準，平衡一致性，方能立於不敗之地。

加盟一家正派經營，成功穩定又適合自己的加盟總部，對一個新入門或不熟稔該產業的人而言，不失是一個妥善安全的方法，最重要的是它能幫你規避經營風險，提高事業成功的比率。

但困難的是：如何去選擇辨別具備這條件的加盟總部？

目前台灣的知名及成功的連鎖企業，對公司內部的組織架構、經營團隊、經營績效、重要財務報表、往來金融機構、信用評等，比起以往已公開透明許多，更有許多企業是公開的上市上櫃公司，可在該企業的官網上或相關公協會查詢了解及搜尋資料，以為評估。

這個徵詢評估的過程至為重要，不可輕忽或省略，它可協助我們尋覓到一個較理想及合適我們的連鎖總部，幫忙我們踏出成功的第一步！

仁益兄是我多年的舊識好友，為人謙和誠懇，見多識廣、博學多聞，畢業於大葉大學工業工程研究所並獲得碩士學位，從事餐飲相關領域達三十多年，由基層主管開始，一步一腳印，多方且長期的歷鍊成鋼，成功的成為高階的專業經理人，仁益兄任職多家知名成功的餐飲企業多年，他的實戰經驗極為廣泛豐實，套句俚語就是「實打實」的紮實。

本書是他嘔心瀝血的作品，也是集他多年長期的實際歷練及實地觀察的心得之大成。書中資料豐富詳盡，不藏私，且分門別類整理有序，便於理解及閱讀，可說是本值得參考的書，更是一本提供餐飲相關業者人員的經營管理指南。

推薦序

在高度競爭及重分配的市場中，穩定成長

張永昌
鬍鬚張股份有限公司　董事長

仁益兄從民國七十九年加入鬍鬚張成為工作夥伴。當時因往返台北、三重的中興橋斷橋封閉，三重重新店生意大受影響，遂遷移到重慶北路四段成為第二家重慶店，自此陸陸續續開辦承德路四段的承德店、內湖成功交流道前的成功店、松山永吉路的永吉店，到五股工業區設立中央廚房，並於八十三年一月十日起展開加盟分店的發展。仁益兄跨足餐飲事業三十二年以

來，都在各大連鎖品牌事業擔任經營者，戰果可說是家家成功、經驗豐富。如今出版《開一間會賺錢的餐飲店》一書，他以經營者的角度來分享寶貴經驗，是我強力推薦的因素之一。

如果您是百分之百自己直營的經營者，務必詳讀「實策一：堅持本質，才能創造神話」「實策三：為什麼店會倒？」，特別是「人員不穩定，生意自然就不穩定」；「實策四：傳統餐飲如何邁向新餐飲時代」「餐飲業競爭本質絕對不是裝潢和氣氛，倘若花大錢裝潢店鋪你就已經輸在起跑點」；「實策五：老是缺人怎麼辦？」「缺人到底是薪水太低福利太少，還是老闆超級機車？」；「實策八：新型冠狀病毒的啟示」的「後疫情時代，外送平台百花齊放、無接觸商機與行動支付如何因應？」。

如果您是想要加盟或是要發展加盟連鎖事業，則必須再詳讀「實策二：給有志從事連鎖餐飲業的朋友九條忠告」「不要為了提高效率而犧牲美味和特色」，也就是說不要為了好做事而沒將事做好；「實策六：餐飲連鎖加盟九問」「想開加盟店您有什麼控制法寶？」「您未來三年的事業計劃是什麼？」；「實策九：餐飲業生態不好怎麼辦？」。

外食餐飲產業競爭非常激烈，好比是戰國時代群雄割據的局面，各個品牌企業時時刻刻、日日夜夜推出行銷活動吸引新客源，鞏固再度光臨惠顧的意願。台灣地狹人稠密度高，市場上百工百業競相投入，形成同業競爭同業，異業也成為同業，餐飲業看似已經進入超飽和競爭狀態；然而，在自由競爭的市場環境中，可說是「沒有飽和，只有重新分配」而已。而面對重新分配的市場競爭，如何鞏固並確保持續成長進步，就要熟讀、讀懂、讀通這本《開一間會賺錢的餐飲店》中所詳細列舉的經營方針、參考各項數據，訂定產品的獨特性和與時俱進的行銷策略，來確保自己與他者的差異化，讓自己的事業在高度的競爭市場中，殺出重圍、獨佔鰲頭，進而持續不斷地穩定成長。

推薦序

用精實的創業邏輯，提高成功開店的方法

黃沛聲
立勤國際法律事務所主持律師

在我的成長過程中，家中曾開過簡餐店、咖啡廳，基本上內外場的所有工作我都嫻熟；在商務律師的生涯中，客戶不乏知名的餐飲品牌：貓下去、詹記麻辣鍋、Allycats等，甚至各類餐飲科技app；在擔任各級公私部門基金投資委員時，也看過各類餐飲相關的創業計畫。但在我曾撰文過的一系列「餐飲創業」文章中，就開宗明義的述明：「創業最難做的就是實體餐飲，

創業最好不要開餐廳」，因為門檻低、競爭大，要考慮到高勞力投入和管理成本，從獲利來看一般毛利也不特別高，甚至老闆不是廚師的話，會極端依賴師傅手藝……種種因素，都造成實體餐飲是個擴張不易、成長有限的生意。

不過若「我真的很想開餐廳，有沒有什麼可以提高成功的方法」？分享兩點最重要，也是本書中強調的事：

一、參考精實創業的邏輯，以單一 MVP（最小可行產品 Minimum Valuable Product）測試市場，得到結論後才用較大金額投入。會成功的餐廳菜單必然不是最長的，百年老店成名常常只因一道名菜。

二、降低現場「人」的參與會是成功的關鍵。餐廳的直接人工投入是難以避免的，但因餐飲創業現場的工時長、奧客多，廚房的工作環境又高溫炎熱，若是單一店面成功做出品牌口味名聲後，想要擴張又經常都會受到師傅等「人」的因素掣肘。因此如何減少人力參與，將是餐飲創業者必須時時思考的課題。

餐廳的生意模式全都植基於產品及品牌的建立，每個策略都要成功，委實不容易！若是前端無法做出高獲利，後端又已經投入裝潢資金、房屋押金不能退款，老闆將陷於每天困在店裏無從脫身的窘境，創業者不可不慎。「成功沒有公式，但失敗有例可循」，參考他人經驗對應自己未來規劃，絕對是一種必要準備！

作者序

向每個堅守在餐飲業崗位上的夥伴致敬

開一間會賺錢的餐飲店，看似多少人卑微的希望，卻往往是浪漫和幻滅的開始。老實說，開一間店很簡單，但難就難在開店不但要賺錢，而且還要可以長久賺錢。大多數的人覺得餐飲業的開店門檻低，每天又都是現金收入，這種致命的吸引力就像是一望無際浩瀚的大海，表現上風平浪靜，海面下卻處處有礁石、暗流湧動，到處是陷阱。所以你得先問自己，在你決定走向大海之前，你是否已經準備好了「救生圈」？

個人從事連鎖餐飲業超過三十年，曾經做過中式速食、KTV連鎖、西式速食、日式料理、西餐連鎖、空廚餐飲、烘焙麵包、手搖飲料、冰淇淋餐廳……等不同的業種。餐飲業的種類繁多，各個特性不同，在本書中，我試圖把這些複雜繁瑣的東西簡單化、系統化並條列歸納，裡面有成功的數據，也有失敗的經驗談，而這些真實的故事，希望能給有心準備投入餐飲事業的人，或是從事連鎖餐飲業的經營者，或是想成立連鎖加盟總部的人，最實在的忠告和建言。假如這本書裡面有一句話，或是一個真實案例，或是一個忠告對你有幫助、有啟發，那便是功德無量。

個人出版此書既不是為了出名，也不是為了賺錢，乃是因為我對餐飲業充滿熱情，所以想提供一些個人的心得和實戰經驗給同好參考。除了提醒一些對餐飲業有著浪漫幻想的人，早一點認清這個產業的高度競爭和殘酷的一面，也可以透過本書所歸納的餐飲開店的潛規則，以及累積三十年的各項成本結構與統計數據，作為新手開店、老店拓點或加盟連鎖店的依據。此外，從事餐飲業三十年來，個人有太多貴人與恩師需要感謝，因為有他們的包容和信任，我才能從實戰中累積經驗，並且學習他們的成功方法。在此首先要感謝帶領我進入這個業界的啟蒙老師鬍鬚張董事長張永昌先生和張誠吉先生，在他們身上我學習到做人做事的原則，從單店、多店到連鎖店的經營管理，一步一腳印地把簡單的事情做到極致，合理化、標準化，始終堅持著理念和信仰；前好樂迪 KTV 總裁盧燕賢先生，他廣納賢才、尊重專業、禮賢下士、以人為本，他以精準眼光投資評估，將產業整合，還樂意將利潤分享，做他的員工真是一件幸福的事；福餐聯餐飲股份有限公司董事長許湘鋐先生，對於事業充滿熱情和創意，他永遠都在創業的路上衝鋒奮鬥，永不言敗，市場的敏感度無人能及；東元集團黃茂雄會長對於我的信任和包容，我永遠銘記在心，他一路的提攜、一路的栽培我點滴在心頭，在他身上我學習到什麼叫氣度，什麼是格局，他的工作態度和使命感令人敬佩，不僅是台灣企業家的典範，也是我終身學習的範本。我非常幸運在連鎖餐飲業的學習路上，有許多名師和貴人的教導、無私地傳授，才有我今天一點點成就。我是一個幸運的人，一路上遇到的都是善良且正直的人，個人的際遇都來自於他們的提攜、栽培與包容，再一次感謝所有的恩師們。

從事餐飲業三十年來，我觀察到在餐飲業一心只想賺錢的經營者，往往到最後都賺不了錢。反而是真心喜歡這個行業，喜歡跟客人發生關係，喜歡跟員工發生關係，喜歡跟社會發生關係，堅持理念和信仰的人，到最後都能賺錢。我深信人因為有理想之後才會有信仰，有信仰之後，才會有力量來對抗內部與外部的種種難題。你開店的理念是什麼？你的信仰是什麼？餐飲業是一個辛苦的行業，不是一個暴利的行業。開店之前，就用這本三十年餐飲業的實戰筆記，作為你開業、展店的「救生圈」，在創業的路上，就能多一個路引，還能少走冤枉路。最後還是要鼓勵大家，想千次不如行動一次！向每個堅守在餐飲業崗位上的夥伴致敬。

實策一

堅持本質，才能創造神話

經常聽到身邊的朋友說：你看，那一家飲料店生意很好，我每天經過都有人在排隊；又有朋友講：哪家火鍋店如果沒有先預約，排一個禮拜都吃不到——要不要我們幾個來合作，狠狠賺一票？說的人口沫橫飛，好像開一家店就等於有了一台印鈔機，鈔票就在桌上，手一伸錢就入袋，白花花的鈔票滾滾而來。

事情真的那麼簡單？

說實在，開一家店不難，難的是開一家能夠**長期賺錢**的店。

在台灣有沒有這種一砲而紅、一夜致富、一本萬利的餐飲神話？無論台灣、香港甚或中國，這種傳奇神話，以前是十年一個，變成五年一個、一年一個，現在變成一年有好幾個。究竟是神話或騙局，時間是最好的考驗。人有一時僥倖，沒有永遠的幸運，但不管是僥倖或是幸運，都沒有一件事是永恆的，這是最黑暗的時代，也是最光輝的時代。

什麼都能賣？誰來開都賣？亂開都能賺？

市場也是如此。台灣的餐飲市場有許多奇特的現象，最常見就是「一窩蜂」。現在流行什麼？大家就集體跟進——黑糖珍珠奶茶大賣，大家都搶著賣，大街小巷所有餐飲店、咖啡廳、速食店、便利商店，大家一起來；髒髒包紅了，所有麵包店跟著走，沒賣髒髒包好像跟不上時代。不到三個月，流行跟風就結束了。流行終歸是流行，它像一陣風，來得快，去得更快。

再者，從事餐飲行業，競爭者特別多。不管景氣好或不好，有沒有新冠肺炎、股票是高是低，總有一堆人前仆後繼加入餐飲領域，也讓市場特別混亂。「民以食為天」這句話成了餐飲業的假象，畢竟景氣好不好，人都要吃飯、都要喝飲料。餐飲業進入門檻低，每天收現金，好像隨便開隨便賺。景氣好，開餐廳、開飲料店、開咖啡廳的人很多；景氣差，開小吃店、開早餐店、開餐廳的人更多，任何時候都有大批的競爭者從市場上冒起。有人說天下大亂，他們說形勢大好。我們看到了危機，他們看到的是機會。一刀兩刃，各自解讀。

在這些競爭者當中，新手又特別多，且這些餐飲新手大多有著天真和浪漫情懷。他們完全沒有餐飲經驗或背景，但是有高度的熱情和理想，更有不少人是轉行轉業、中途加入。

這些人有幾個特色：一、他們不滿現狀，理想性很高，希望好上加好，經常跳脫餐飲業常規，為市場帶來創意和新生命，做法具革命色彩，能夠顛覆傳統，製造出新的物種、新的業態。二、喜歡接受挑戰，不怕失敗——誰說舊房子不能開店，誰說巷子裡的店不是好店，誰說不好停車開不了店？租金超過成本佔比百分之二十五的房子也照租不誤。有些人從電子業賺到錢來投資，有的人拿父母親友的金援來創業，都是「有家底」的新手，可以承受失敗和試驗。有家底的人當然可以任性，不能否認，有任性的堅持，才能夠創造新的藍海和新的餐飲奇蹟。但也不表示每一個任性都能成功，有些也是以悲劇收場。

好吃，或好看？

近幾年電視和媒體出現非常多勵志故事，那些由黑轉紅的人生之所以能反轉命運，都是靠餐飲業翻身。在媒體的推波助瀾下，每一個故事都非常精彩曲折。有的人白手起家打造一片餐飲王國，有的人小學沒畢業、靠著麵包技術贏得世界冠軍，開了跨國連鎖麵包店；有的人中年失婚家庭變故，以堅強的求生意志，一步一腳印，從路邊攤起家，從單店到多店，每月營收上百萬元。這些從自卑到自信，再由自信到自豪的過程，每一個成功翻轉的感人故事，都是一個傳奇，他們訴說著「生命是為了迎接精采，不是迎接死亡」，每一個成功案例讓對餐飲業有著天真浪漫情懷的人來說，都是一種鼓勵、一種暗示、一種催眠——他可以我也可以。

近年台灣的餐飲市場也過度相信包裝和行銷手段。玩創意、玩文創、玩行銷、天馬行空無厘頭式的行銷，靠廣告包裝創造話題。當然對保守的餐飲業而言，有刺激是一件好事，但不要過頭，不要用欺騙的手段，忽略了餐飲業的本質。

餐飲業的本質是什麼？東西好不好吃，品質穩定、清潔衛生與食品安全，以及用心的服務。簡單來說，餐飲業的本質就是「口味、品質、衛生、服務」。這八個字說起來很簡單，卻是知易行難。

幾年前台灣有個知名的火鍋品牌，以浮誇的服務聞名業界，也非常成功。

旗下另一個品牌也是做火鍋連鎖，強調湯頭祕方來自一名日本老婦，塑造了一個傳奇、曲折，具有高度文創的故事，並號稱火鍋料都是手工精製。沒想到卻被媒體爆料不僅湯頭故事是騙人的，火鍋料也是委外工廠加工製造。消息一曝光，生意一落千丈，消費者再也不相信這個品牌了。

你可以玩行銷、玩文創、玩創意，但是不能用欺騙的手段。信用一旦沒了，什麼都完蛋了。

也有業者把滷味店裝潢弄得跟麻將館一樣，或是把牛肉麵店弄得跟中藥行一樣。這種天馬行空的創意確實能夠吸引消費者的目光和媒體的追逐，創造話題的效果一流，開幕時人山人海，各家媒體也爭相報導。但是一個月、三個月、一年之後，生意好嗎？消費者為什麼不去第二次？

太相信包裝和行銷手段，是短多長空。勿忘了餐飲業的本質，如果單靠裝潢、創意、話題、行銷就能成功，那演藝明星開的餐廳或飲料店，成功案例至少會有上百家，因為他們的知名度宣傳方法、創意、製造話題，肯定都是第一流的。但事實上成功的有幾人呢？

十分之九，或十分之一

到底餐飲業的神話存不存在？我的答案是：有，它確實存在，但是成功機率比較低。在新業態當中，十個新品牌，只有一個能夠成就神話，其他九個都是陪襯。每個人都想成為神話的主角，不管景氣好不好，都想開餐廳、開咖啡廳、開小吃店、早餐店、飲料店，但是**餐飲業已經成為目前台灣失敗率最高的產業**（擁有七家店以上的餐飲連鎖店除外），對於餐飲業懷有天真和浪漫的人加入這個產業，意味著容易被騙、吃悶虧、上當，多花冤枉錢學教訓，必須把一些低級的錯誤，跟現實妥協。幻滅是成長的開始。

經營是殘酷的，管理是現實的。在台灣開單獨的餐飲店，開店半年後仍可繼續的機率不超過百分之四十，一年後仍然存在的機率不超過百分之二十，三年後仍然存在的機率不超過百分之十；能夠存活五年以上，恭喜你，你就是神話了。

這個看似繁榮的餐飲市場，處處是陷阱。房租是陷阱，人事成本是陷阱，競爭對手也是陷阱。我有一個朋友在台北市西區開了一家飲料店，投資裝潢大概花了一百萬元左右，每月扣稅後營收約四十五萬。房租一個月八萬，他請了四位員工，一個月付薪水十二萬元左右，食材成本每個月十四萬，水電瓦斯費四萬元，雜費兩萬元，東扣西扣，每個月實際獲利不到五萬元。

而他每天累得半死也就算了。好不容易生意穩定了，一整條路三百公尺，三個月內新開了四家飲料店，每一家還都是有品牌的連鎖店。他辛辛苦苦全年無休，每個月才勉強賺個五萬元，想想真的還不如去上班。而且以前當上班族的日子，下班想的是晚餐去哪吃，週末想的是放假去哪裡玩，或是去唱個KTV；自己開店，店裡的員工說不來就不來，人手不足他要去貼班、去外送，每天店門一開都是煩惱，這樣的生活跟他開店前想的完全不一樣。開店前兩眼炯炯有神，開店後兩眼失神，那一份天真和浪漫，早就完全消失了。

我的貴人和恩師、鬍鬚張滷肉飯董事長張永昌先生曾說過：「愈困苦的人生愈精彩，愈難創的事業愈牢靠。」不要羨慕那些成功的餐飲店老闆，以為這些神話故事的主角每天只要坐在收銀機前數鈔票就好。他們能夠存活下來，都是經歷了無數辛酸和苦楚，才能成就那些精彩的創業故事。

實策二

給有志從事連鎖餐飲業的朋友九條忠告

我從事連鎖餐飲業超過三十年。從中式速食、傳統美食、KTV、西式速食、日本料理、迴轉壽司、連鎖麵包店、連鎖西餐廳、日式家庭餐廳、連鎖飲料店、航空空廚、冰淇淋餐廳……餐廳型態橫跨十種以上；職位從企劃專員作起，歷經課長、副理、經理、協理、廠長、特別助理、副總經理、總經理、副董事長等等。我喜歡吃，也非常熱愛自己的工作，更樂在其中，能夠把自己喜歡的事跟工作結合，是一件幸福的事。

許多朋友私底下來問我成功的經驗。我其實只是一個專業經理人，談不上什麼成功，但我失敗的經驗與次數倒是比別人多。這些用老闆和股東的辛苦錢所堆積出來的經歷，恩師與貴人們一再鼓勵我、相信我，一次又一次給我機會上場打擊。有時我被三振，有時擊出安打，有時被高空接殺，但也有全壘打的時候。沒有他們的信任，一切都是空談。

在餐飲競爭市場就跟打棒球一樣，好球來就打，因為機會不再。當我們站在打擊手的位置，有的人不敢上場，在旁邊下指導棋、品頭論足；當我們揮棒落空時，場邊的人譏笑謾罵；當我們在關鍵時刻擊出全壘打時，觀眾自然會給我們掌聲。與其等待保送或三振，不如大棒一揮、揚名立萬。大丈夫處世，憂讒畏譏是死，轟轟烈烈也是死，何不放手一搏，還有機會名垂青史。

三十年的餐飲經驗，我個人的一些心得，也許可充當這條路上的忠告。這些不敢說是真理，或許也陳腔老調，卻是這個行業不變的準則。

忠告一：餐飲業不是暴利的行業

餐飲業是辛苦的行業，絕對沒有暴利；不要心存浪漫的幻想，不要被表面蒙蔽。店裡看起來人山人海、高朋滿座，幾個座位，每天多少外送單，業績就是多少。很多人說餐飲業毛利高，大概百分之六十到七十之間（餐廳、飲料店百分之七十，速食店、早餐店百分之六十五，便當店百分之六十）；但再扣除房租、水電瓦斯費、稅金、雜費、人事費用、勞健保費用、裝潢折舊攤提、維修費用、三不五時的罰單，剩下的利潤就是那麼一點點。能夠一年穩定獲利百分之十以上，那真的是非常厲害的店，必須要有這樣好的體質才能開分店。就算僅有百分之五的獲利也是不錯。如果每個月都賠錢，那就盡一切最好的努力，做最壞的打算。在餐飲業中只有兩種人穩賺不賠，就是房東和食材供應商，絕對不是開店的店家。

忠告二：合夥生意問題多

創業之初資金不足，三五好友、兄弟姊妹、親戚朋友大家集資開店，本就無可厚非。有些股東只是純粹投資，不干涉內部經營管理問題；但有些股東不僅出錢又出力，也是經營者也是員工。一旦雙方在經營策略上出現意見分歧，舉凡產品、價格、採購、或是人事問題，要再加上溝通不良，問題就接二連三、沒完沒了，非常難處理，因此餐飲業流行一句話「生意太好，人會倒；生意不好，店會倒；不管生意好不好，跟股東的關係一定不好。」

且不要以為店有賺錢一切問題就迎刃而解，錯。沒賺是問題，有賺也是問題；賺太少覺得分配不均，吵得更厲害。在餐飲界，因合夥投資導致夫妻失和對簿公堂、朋友兄弟反目成仇，比比皆是。不僅生意做不成，最後連朋友都做不成。千萬不要不信邪。合夥前大家把權利義務說清楚，萬一真的碰到了，大家好聚好散。記得：生意是一時的，做人是永遠的。

忠告三：餐飲加盟小心陷阱

加盟有品牌、有知名度的餐飲總部，成功機率確實比自己單獨開店高。能在這個競爭市場活過三年的餐飲加盟總部，必然有值得學習的地方。但仍有不肖的餐飲連鎖總部，以加盟為手段來騙錢。他們往往砸大錢做宣傳，加盟說明會辦得風風光光，會場辣妹帥哥如雲，場中提供的加盟承諾、數字報表、投資分析，對獲利與毛利的保證，都是為了賺你的錢。

這些餐飲總部有幾個共同的特徵如下：

1

成立時間很短、竄紅很快、宣傳很大，是媒體寵兒，網路討論度高。

2

自己開店不賺錢，全部開加盟店，反正是死加盟主，跟總部無關。

3

總部主要是收加盟金、權利金，有人加盟就好，不管加盟店開在山上海邊，路頭巷底都是好店面，什麼地點都可以加盟。不挑人也不挑店，有錢就好。事實上，優良的加盟總部審核重重，要受訓、要提計畫、要面談，一關過一關，挑得很嚴，絕對不是拿錢出來就了事。

4

建立一條龍的產品銷售網路，把高價的設備，生財器具、裝潢工程全部包下，什麼錢都想賺，而且加盟主不能說不要。

5

很多承諾和保證都是口頭的，沒有正式的書面文件，沒有白紙黑字，避免留下證據。

不要偷懶、不要天真、不要浪漫，否則一定會被騙、被坑、被賣。不要以為大樹好乘涼，加盟一個餐飲品牌就能平安發財數鈔票，這表示你太天真了。麥當勞、肯德基、摩斯漢堡、星巴克也會有關店和撤店的時候，以上這些品牌會比你要加盟的品牌差嗎？

忠告四：不要一開始就花大錢在裝潢和設備上

裝潢風格好或不好，見仁見智。有人喜歡優雅，有人喜歡簡約，有人喜歡工業風。店舖氣氛優雅與否，和價錢沒有絕對關係。砸大錢做的裝潢不一定就漂亮，也不保證生意一定好；設備不一定要進口昂貴的，例如咖啡機有一台五十萬的，也有一台十萬的，也有兩萬的，甚至二手機器可能只要一萬，只要機器設備品質穩定、操作安全無慮，一樣能夠泡出好咖啡。就像賽跑一樣，一個人背五十公斤裝備跑五千公尺，另外一個人背十公斤的裝備跑五千公尺，你認哪個人比較有勝算呢？

當你的店有獲利之後，你隨時都可以再花錢改裝店面。每兩年局部翻修，每次翻修都會和新的一樣，更能帶給顧客新鮮感。一家餐廳，請了知名的設計師花了上千萬的裝潢費，一開始就承受比別人重的包袱，不僅店的損益平衡點比別人高，存活率也比別人低，再漂亮的裝潢，三年後也是舊的。

忠告五：地點、地點、地點

有人說「酒香不怕巷子深」，或許在不好的地點仍有人可以成功，但機率有多高？百分之十或百分之五？我們是在經營事業，不是賭博。好的地點是成功的開始，房子租金是一分錢一分貨，貴有貴的價值，便宜有便宜的理由，但不要因為便宜就去租店面，也不要因為是親戚朋友要租而不好意思拒絕，最後倒楣收拾殘局的都是自己。

什麼是好地點？你只要簡單回答：你賣什麼東西？要賣給誰？客人從哪裡來？這個店址客人好找嗎？看得到嗎？大部分的客人怎麼來，開車、走路、捷運、公車？附近有沒有便利商店、連鎖速食店？如果這些答案都不是太理想，你可能要多考慮一下，不要勉強和自己的辛苦錢過不去。

忠告六：不要一開始就低價促銷

一開始就買一送一、半價優惠，這是常見的手法。但價格戰是品牌領導者可以玩的，我們一般小店玩不起。低價促銷是一條不歸路，很難回頭。當你把自己的主力商品做促銷，就是作賤自己的商品，消費者從此認定你的東西就是值半價而已，現在會促銷，以後也會促銷，反正等有促銷時再買就好。

你會發現低價促銷時人潮排隊排到三、四個店面，沒有低價促銷時卻乏人問津。

當大家都賣一樣的商品，你的商品差異性化不大、沒有特色，低價促銷就是拚價格。但別忘了，餐飲的毛利就是那樣，降價或買一送一，砍的、送的，都是你自己的利潤，你便宜，永遠有人比你更便宜。只要你的商品夠好吃、夠有特色，價格永遠不是問題。

忠告七：不要為了提高效率，犧牲美味和特色

餐飲業競爭非常殘酷，差一點就差很多。客人不是傻瓜，只是沒有說出口。東西現點現做，該熱的熱、該冰的冰，一定會好吃；不要投機取巧想要偷懶，省略一兩個步驟，覺得可以加快速度又能節省人力和時間。你很有可能因此把好吃的東西變得難吃，簡直罪大惡極。這是為了貪便宜所犯的低級錯誤。

前好樂迪 KTV 連鎖企業總裁盧燕賢曾經說：「不要因為效率而犧牲美味。」效率與美味的確是天人交戰的取捨，但仍必須不忘初心，回到原點——我們為什麼而存在？為什麼要開店？

忠告八：提前考量淡旺季

不要太相信自己的眼睛，只看見冬天薑母鴨、羊肉爐、火鍋店人滿為患、排隊排到三條街；看看夏天，人呢？或是夏天的時候看飲料店、冰品店，大家生意都不差，外送單一筆一筆接到手軟，天氣一冷寒流一來，誰還吃冰呢？除非你打定主意一年只營業半年，但是人事費用、店租、水電費怎麼辦，做好安排了嗎？有些商場是平日冷清、假日擁擠，對經營者在人力安排與食材準備上，都是非常大的考驗。

忠告九：沒有永遠的好日子

和務農一樣，餐飲業也算是個靠天吃飯的行業。今天店裡高朋滿座、歌舞昇平，明天可能一個重大事件就改變一切。生意好時千萬要趕緊把握。

台灣這三十年來發生許多重大事件，每一件都會影響到大家的消費意願和習慣。例如二〇二〇年元月份爆發的新型冠狀病毒，一個大浪來襲，有幾家餐飲業者可以承受？生意業績一下子降五成、降三成，餐飲業的毛利是固定的，平時獲利一成、兩成已經非常好了，一旦業績或來客數掉三成以上，幾乎沒有人可以倖存。

這類重大天災人禍發生的機率愈來愈多、擴散速度愈來愈快，頻率也愈來愈密集。例如二〇〇八年金融風暴、二〇〇三年的 SARS 非典型肺炎、台海危機、口蹄疫、非洲豬瘟等等，這一連串重大危險事件，對於餐飲業者是一個大海嘯，也是一次市場重整。能夠存活下來的，才是禁得起考驗。謹記時時居安思危，天有不測風雲，日子沒有永遠太平。

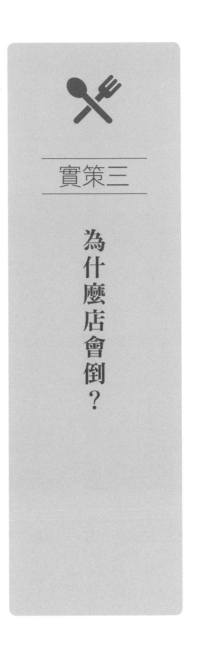

實策三

為什麼店會倒？

餐飲業開店快，關店也快，每一家餐廳、小吃店，開了都注定要關，只是早晚問題。有的店只撐了一個月，有的店可以撐五年、十年，有的店可以傳三代、走百年。然不管你是單店或連鎖店，都逃不過歷史的宿命。成功有原因，失敗也有理由，只是賺錢的店很多人研究報導，也有許多的掌聲，但失敗的店就比較少人有興趣，且因為店都關了，這些店家進入了歷史的灰燼，也就乏人問津。

餐飲業是台灣目前經濟發展形勢下，一個永恆而且不可迴避的話題，當前也因著疫情遭受空前嚴峻的考驗。做為餐飲業的實際經營者，無不擔心悲劇發生在自己身上。餐飲業的殘酷其實有週期性，在每一次的大洗牌中，總是幾家歡樂幾家愁。我們每天、每週、每月鍥而不捨地戰鬥，力拚扭轉命運的可能。我們的使命是阻止悲劇降臨，並提出如何提升業績、增加獲利、增加來客數三大對策，奮力布局，最終也就盡人事、聽天命。

或許每一次的失敗都是經驗和慘痛的教訓，失敗的堆積，是下一次成功的基石。可是店為什麼會倒？老闆最常說的三句話：景氣不好、生意差、客人不上門。真的是這樣而已嗎？

我以從事連鎖餐飲多年的專業經營者角度來分析，最終還是落在「經營管理」這四個字，且可拆出以下幾個原因：

原因一：只會抄襲，沒有自己的特色

看別人開溫體牛肉火鍋店生意好就開火鍋店、麻辣火鍋有人排隊馬上改麻辣火鍋；看到電視和媒體爭相報導現在流行超市水產火鍋，立刻就跟進……只有抄襲拷貝的東西是懶惰的，可悲又不長進。沒有自己特色的店，大家一窩蜂地跟進，最後就是拚價格，把原有市場弄得更亂更臭。這是一種惡性循環。沒有差異化的商品，往往就是削價競爭，最後看誰先死。

抄襲別人的成功模式並不可恥，要看怎麼「抄」。抄一家是抄，抄兩家是「改變」，抄三家以上加以融合，是創新；能夠抄到五家以上，那簡直是「革命」。我們要做的工作，是學習各家的優點，做創新和革命，不是跟隨和抄襲而已。

多年前，台北市鬍鬚張滷肉飯某家分店的房東因租約到期，一次要漲百分之五十以上的房租，多次協調不成，鬍鬚張只好在隔壁租店面繼續營業。原房東就找了自己的兒子，也賣起滷肉飯，從產品、裝潢到員工制服，幾乎都和鬍鬚張一模一樣，招牌也是黃底紅字，只有每樣商品售價都減了五元，可說抄得非常徹底。

但他從開店到倒閉，只有五十天左右。

根據上門吃過的客人反應：口味不一樣、東西不好吃，有些餐點甚至是冷的。該房東的苦瓜排骨湯是一大鍋一起煮好再分裝，有時候苦瓜甚至尚未熟透。鬍鬚張的苦瓜排骨湯是所有食材一盅盅燉煮，味道根本不能相比。有的客人還說自己做都比他們的好吃。東西難吃成這樣，真的是失敗中的失敗。

這個例子告訴我們抄襲是沒有用的。東西好吃，貴一點沒有關係；東西不好吃，再便宜也沒有用。同樣的地點、同樣的商品，不同的人、不同的做法，答案也會不一樣。就算都是滷肉飯，也可以改變一下，如麻辣滷肉飯或牛肉滷肉飯，用這樣的差異策略去競爭。做同樣的滷肉飯，你會做得比鬍鬚張好吃嗎？你的品牌比鬍鬚張強嗎？你的經驗比人家豐富嗎？你的人才比人家厲害嗎？

原因二：人員不穩定，生意自然也不穩定

餐飲業是個勞力密集的產業，無論製作、服務、執行，一切都要靠人力。也許目前有新的機器設備或是電腦AI系統，短期之內仍然不能全數替代，還是需要靠人力去判斷和執行。一旦人員不穩定，業績也會不穩定。

有些員工罵也罵不得、教也教不得。培養了兩、三年，你講了他一句，明天就不來了。有些員工脾氣比本事大，最令人頭痛。你當眾稱讚一名員工，他認為你偏心；忽略他，他說你不公平。做人難，做老闆更難。

人員流動率高在餐飲業幾乎是常態。除了王品、鬍鬚張、鼎泰豐、麥當勞、摩斯漢堡、星巴克這些品牌知名度高的連鎖餐飲，品牌流動率低於平均值，一家店員工半年換一批是常事。人員不穩定，客人永遠是新進員工的訓練對象，品質和服務就不穩定，業績也就不穩定，這是很自然的事。留住好的伙伴、好的員工，就是留著好的業績。

台北某知名日本料理店，以食材新鮮和無菜單方式受人歡迎，但是老闆

脾氣不好，經常當場斥責員工，絲毫不留情面。雖然他給的薪水高於同業至少百分之十五，仍然有許多員工受不了紛紛離職，留下來的員工眾怒不敢言。每當老闆斥責員工時，最倒楣的就是客人，因為員工會把氣出在客人身上；客人受了氣，就向老闆投訴，老闆就又斥責員工，整個就是棒打老虎雞吃蟲的遊戲。

員工們累積的不滿終於在母親節當天爆發。店裡約有五十個座位，當天中午和晚上預約都是客滿。早上九點，菜商打電話給老闆，說店裡沒人，問菜要交給誰？老闆在二十分鐘內趕到後，發現四位內場主廚一個都沒有來，外場含會計收銀共五位，只來了一個，連工讀生都沒來。老闆急了，打電話給所有員工，只有一位工讀生接電話，最後只有兩個員工上班，其中一個還是工讀生，要怎麼應付母親節客滿的消費者？他意識到這是一場有計劃的罷工，最後也只好忍痛拉下鐵門。

這個故事告訴我們，善待員工就是善待自己，給自己留一條後路，本事可以大，脾氣不能大。「禮賢下士始得士」「士為知己者死」，不要以為付高薪就一切搞定，有些員工不在乎錢，他們更重視尊重和肯定，以及一個可以學習、成長的地方。把員工逼急了，有時候就是魚死網破，必須引以為鑒。老闆不僅要學做生意，也要學習做人。

原因三：廚房管理經常是死角

對一個餐飲企業而言，廚房是店的生命線，也是製造中心，有些老闆不是技術底出身，乾脆花錢請名廚委託管理，只要配合度好，自己也省事。所以有些廚房師傅只管應付老闆，在老闆面前處處表現配合、拍老闆馬屁，對於其他人不屑一顧；而師傅有老闆的支持，其他人也不敢吭聲。

順著這樣的情勢，有些師傅開始主動推薦食材供應商，並將內外場的人換成自己人。就人情上來說原本無可厚非，但慢慢竟發現，師傅介紹的人薪水都比較高，甚至收介紹費；師傅提的新菜色或創意料理只是把食材胡亂更改，把好的食材換成便宜的，客人一吃就知道，生意自然愈來愈差。久而久之，人事成本墊高，食物成本也墊高，關店也是正常。

廚房師傅當然可以推薦供應商，但是不能指定，也不應干涉；推薦工作夥伴也可以，但是用人必須符合程序和公司企業的制度規章，薪水也有一定的行情標準，不是一個人說了算。

我曾臨危授命接下某個子公司副品牌的兩家連鎖西餐廳。剛接的時候，舊店是前人留下來的，新的店包括店經理和內場人員，都是我從總公司挑選過來，共計八人。新的店大家都相處共事過，有一定的默契和了解，做起事來沒有太大問題，但是舊的店不論我派外場主管或內場師父，不到兩個月都陣亡。

後來我約談了一些離職人員，初步了解舊店的問題出在行政主廚身上。這位行政主廚來自國內知名五星飯店，至少有十五年的資歷，舊店十多位內外場員工，百分之八十是他介紹進來的；他所推薦的供應商，進貨價格比一般高一到兩成之間。我們想要換廠商，他堅持不同意，說我們的廠商雖然便宜，但品質不好。但他所謂的優良廠商，我親自現場驗貨，不但斤兩有問題，品質也只一般。

有員工偷偷告訴我說外場主管是他的女朋友，兩個人有一個小孩。我非常訝異，就我所知他早就結婚了，家裡有兩個孩子，現在又另有女朋友。一個廚師月薪大概七萬，要養兩個家、三個小孩，錢當然不夠用。我想了又想，決定將採購和外場主管對調。結果內場師傅一次走了七個人，外場服務人員走了一半，差一點關店，好不容易才撐過這場動盪，慢慢穩定下來。

餐飲業說大不大，你的所做所為都會留下痕跡。多年後，有同業向我們打聽這位師父，我只有四個字「無可奉告」，留一條路給他走。自己的人生自己決定，我只求心安理得——做應該做的事，賺應該賺的錢，這樣就好了。

原因四：股東和家族問題，剪不斷理還亂

餐飲店創業時期，缺資金、缺人力，都很正常。身邊的人包括配偶、兄弟姊妹、親朋好友前來參與，都是人之常情。大家無私無我的支持奉獻是基

於情面，不是基於法理，沒有什麼制度面或是規範的問題。當大家都不計算、不在乎，就算有什麼問題也都不是問題；可是當抱怨開始、矛盾開始、計較開始，一切就都是大問題，而且一發不可收拾。

不是說餐飲業不能用家人或親戚好友，關鍵在於：每個人必須先做好自己份內的工作。企業在營運管理中的「制度」和「考核」，對任何人都是公平的，不管你是家族成員或親戚朋友，全都一視同仁。

只是這些說起來很簡單，做起來又怎麼樣呢？你開一家的店，請你姊姊負責採購；但姊姊沒把採購處理好，卻跑去插手人事和現場營運的事。結果採購的東西品質和規格出了問題，你把她找來唸了一頓，她回去向爸媽告狀，你媽打電話把你罵了一頓……

家不是講道理的地方，是講感情的地方。你找家人一起工作，在公司，家人是員工，回到家裡，家人是你的配偶手足。從上司與員工，到先生妻子、姊姊弟弟，你能切換得好，對方不見得可以。

這種角色互換的失衡一直是家族企業的困擾。當然餐飲業裡也有經營得非常好的家族企業，我們怕的是有些家族成員不懂裝懂、任意指揮，甚至破壞制度，排斥優秀的外聘人員，造成人才流失。切記「**私心就是管理的亂源**」，沒有親身經歷的人，永遠不會了解這種痛苦和糾結。

猶記得永康街某知名冰品店，以芒果冰打下名號。二〇〇七年夫妻離異後各自發展，至今各有一片天。私領域部分，媒體報導很多，我想說的是：在餐飲業的創業路上，永遠不要去責怪任何人。對的人給我們快樂，不對的人給我們經歷，最差的人給我們教訓，最好的人給我們回憶。在餐飲業弟兄鬩牆、夫妻失和、朋友反目成仇的事屢見不鮮，不是什麼新鮮事。考量清楚，合則來，不合則去，其他不用多說。

原因五：開一家小店過幸福小日子的浪漫情懷

很多人都有一個浪漫的餐飲夢想，想著開一家店，過著快樂幸福的日子。什麼是浪漫？在有限的時間和有限的資源，去完成一個不可能的任務，這就是浪漫。許多社會新鮮人、年輕人、上班族、中年轉業的人，甚至退休人員，都希望開一家屬於自己的店，可能是早餐店、咖啡店或麵包店，週休二日，打烊關店後去接小孩下課，每月輕鬆賺個二十萬就好，不要太累還可以做興趣，光想都美。

做文創的店，如果你手邊有千萬現金，也沒有背負房貸壓力，或是父母親留有雄厚家產，我鼓勵你大膽去圓夢，去發揮創意，做你想做的事情，去顛覆傳統，走一條新的餐飲革命路線，否則你依然必須面對殘酷的事實——開早餐店，最慢早上五點半就得營業，往回推你得凌晨三點半起床備料；麵包店八點營業，也是早上五點半也必須開始準備。假日生意最好時，你捨得關店休息嗎？平日尖峰忙過之後，可能已經是下午兩、三點，你要吃午餐或是晚餐？生意好時一站四個小時，連上廁所的時間都沒有。商場如戰場，沒有童話般的浪漫故事。開店是一場殘酷的戰爭，不是從此可以過上簡單幸福的小日子，小心噩夢纏身。

我有個朋友五十八歲那年從教育界退休，他一直夢想開一家創意料理店。

他平常喜歡下廚買菜，手藝真的不錯，處理生鮮魚貨刀功一流、烤功一流，頗具職業水準。他在新北市板橋區的巷弄內租了個店面，月租二萬元。他深信「酒香不怕巷子深」，外場裝潢花了大概一百二十萬，廚房設備：冰箱、烤台、靜電UB專業吸油煙機（一台至少二十萬）大概七十萬；菜單上只有一千、一千五、兩千（單人份）三種價格的無菜單料理，員工則是他和家人，一共三人。

開店後我和家人去捧場，七個人吃了七仟元，覺得物超所值，後續還去了三次，聽說第一個月收入三十萬左右。第二個、第三個月，他的店從每天營業，變成有客人預約才開；第四個月後一週營業兩到三天，第八個月後他準備頂店轉讓，但是第九個月他關門了。粗估他圓一個開小店過浪漫幸福小日子的夢想，賠了一半的退休金至少兩百五十萬。

算下來他的店租二萬元不算太高，畢竟是位在板橋區的巷子；人事雖然都是自己家人，但按外面市場行情估算，人事費用一個月至少十萬，一個月水電瓦斯費用大約也在一萬五千元左右。而因為他堅持端出來的都是新鮮的真材實料，報廢食材相當多，食材成本約佔百分之五十。粗估他的店一個月固定開銷（不含折舊攤提）大約十三萬元，以這樣的食材成本佔比來看，一個月最低的損益平衡點必須達到二十六萬。但他有時一個月營業額不到十萬元，最後只能關店止血。只能說是花錢為自己買一回浪漫的夢想。

開店總有許多問題要跨越，經營總有許多遺憾要彌補，關店總有許多迷茫要領悟。我們之所以堅持在餐飲業的崗位上，是因為我們還有熱情、還有夢想，因為夢想裡面有我們的靈魂與渴望。但總是要記取前人的教訓，將天真與浪漫減到最低，夢想才能走得遠一點。

實策四

傳統餐飲如何邁向新餐飲世代

餐飲品牌的世代交替，年年都發生。這個產業長江後浪推前浪，加入↓競爭↓創新↓淘汰的世代循環從來沒有停止過。時至今日，在許多的資本家的眼中，餐飲產業是一個不入流的產業，值得資本化的企業和標的非常少。走了這麼多年，中國才出現一個海底撈和（因財務造假虛增營業額陷入危機的）瑞幸咖啡，台灣才有王品、摩斯漢堡、六角和瓦城，美國有星巴克、麥當勞、可口可樂等。或許拿台灣餐飲業的現況和中國及美國比較，顯然不是同一個層級，就像要一個國中生和職業選手比賽一樣。然而綜觀全球餐飲業市場，不論是星巴克、麥當勞、肯德基，這些名列前茅的餐飲企業之所以能夠成功發展，都離不開資本的助力。台灣餐飲市場未來勢必會誕生更多的明日之星，也一定會有更多、更優秀的餐飲業者登陸資本市場，但這麼大的市場，值得投資的餐飲標的為何少之又少？

拆解台灣傳統餐飲業公式

首先我們先針對餐飲業單店營業模式來分析：

月營收入＝客單價×日來客數×月營業天數。

要理解的是，上述公式得出來的數字高低，受限於店的面積、座位數、營業品項、營業時間等限制，一家餐飲店營業收入的天花板（最高產能）非常明顯，有其客觀因素。

想得到高營收，客單價要拉高是一個方法，但不是每一家店都能夠做到，必須是少部分非常有特色的商品，配合裝潢氣氛以及好的地段商圈才有條件。例如一客要價兩千五百元的牛排，一個隨便的餐廳敢賣嗎？就算你敢賣，也不一定有人點啊！

來客數與店的位址、可視度、可接近度，及人潮人流走向有關，捷運站出入口、面寬、三角窗這些搶手的位置，一位難求，租金貴有貴的道理，一分錢一分貨；若有一定的品牌知名度，也會提高客人入店消費的意願；外送平台的加入，有助於擴大新客源。

餐飲業的特性是以現金支付為主，但近年來的支付工具愈來愈多、愈來愈複雜，如信用卡、悠遊卡、電子支付 LINE PAY、TAIWAN PAY，甚至中國的支付寶、微信都有。這些電子支付對顧客是一種便利，對業者則是一大挑戰。人的貪念一直都存在，把系統建置好，勿給不肖的管理階層機會動了歪念，間接來說也是善盡社會責任，功德一件。

想要連鎖，如何起點？

不論中餐、西餐，一般餐廳相對於速食業或飲料店，依賴師傅或廚師的成分比較高，製造調理過程著重藝術和經驗，較難標準化、年輕化，要複製或連鎖，困難度比較高，要面對的問題也多。如果成功的標準和經驗不能複製，如何開分店、開創連鎖加盟事業？

無論單店或連鎖，首先都要先了解餐飲業的成本結構。餐飲業的銷貨成本，包括直接食材成本、調味料成本、包裝成本，**一般而言，銷貨成本應佔營業收入的百分之三十五以下才算安全，超過百分之四十五，經營的壓力非常大**。

從長遠趨勢而言，食材成本年年上漲的壓力永遠存在，很多食材降只降個百分之五、百分之十，但只要一漲，往往都是百分之十五、二十起跳，甚至百分之三十也有，而且一漲再也不回頭。這些也都必須有心理準備。

另外，食安風險像不定時炸彈，一旦爆發，嚴重性超乎我們想像。塑化劑、回收油、添加劑、非洲豬瘟，以及近一年的新冠肺炎，每個事件對餐飲業都是幾家歡樂幾家愁，有些事件甚至造成整個產業大洗牌，不少品牌就此沒落。

初期許多經營者往往忽略了運輸配送成本。如果食材必須仰賴國外進口，報關、通關稅金不可免，冷凍、冷藏品更必須有專屬冷鏈車輛運送。就算有些食材供應商會免費配送，一般也會要求最低叫貨量；有些廠商會另外收取運費，或是直接將費用灌入售價。而近年來非常受消費者青睞的外送服務，表面上增加了營業額，實際上店家必須支付平台配送高達百分之二十五至三十五的費用。想想餐飲業的毛利才多少，這樣的抽成方式有幾家受得了？

每個不同餐飲業別，都可以參考同業或是同性質的銷貨成本率，也是檢驗自己的工具。以下個人的經驗提供參考：

銷貨成本25%以下：飲料冰品店、咖啡專賣店、麵包店
銷貨成本30%以下：西餐廳、日本料理、法義料理、火鍋店
銷貨成本35%以下：速食店、中式餐廳、咖啡簡餐、燒肉店
銷貨成本40%以下：早餐連鎖店、便當店、吃到飽餐廳

將營業收入減去銷貨成本，就是毛利。餐飲業的毛利大概落在百分之六十到七十之間，看起來好像比製造業和電子業好上許多，但毛利不是淨利，它必須要再扣除人事費用、房租費用、水電瓦斯費、折舊攤提等費用；如果你是連鎖店，別忘了還有總部費用及中央廚房的費用，這樣林林總總扣下來，剩到手上還有多少利潤？

毛利額比毛利率更重要。以中式速食為例，苦瓜排骨湯售價八十元，成本二十九元，成本率百分之三十六點二，毛利率為百分之六十三點八；貢丸湯售價四十元，成本八元，成本率百分之二十，毛利率為百分之八十。理論上貢丸湯的毛利率高，看起來比較好賺，但實際上賣一碗苦瓜排骨湯賺

五十一元，賣貢丸湯一碗賺三十二元，兩者相比，你要賣哪一項商品？

其他容易忽略的成本

在餐飲業的成本結構中，還有一些初期很容易忽略計入的費用，如：人事費用、房租、水電瓦斯費、折舊攤提等。

餐飲業是典型的傳統行業，勞力密集度和人員流動率都相當高，發生勞資糾紛的比率也比其他行業高，這是常態。雖然說以機器取代人力的時代來臨，AI人工智慧、大數據分析不斷推陳出新，但是以目前的科技智能化的程度要取代人，尚還遙不可及。從創作、調理、送餐、收銀付款、配送，都只是局部化，尚未達到有價值的商業化程度。

而人力成本也是每年上漲，政府每年公告的最低工資和基本時薪年年調高，這是必然的趨勢。假若經營資本化，公開上櫃上市，一切都必須合乎法令，包括勞健保、退休提撥等，都要付出費用。人愈多、店愈多，管理自然愈複雜，所衍生的問題無奇不有。公司的組織架構和人員能力，是否跟得上餐飲企業的發展？管一家店和管十家店的策略天差地別，管十個人和管一百個人，不能用同樣的方法。

店租貴不貴，見仁見智，也沒有好不好的問題。一個店面月租十五萬元，對早餐店和飲料店是碰不起的天價，但是對速食業、西餐廳或中餐廳，卻是便宜的價格。租金貴或便宜，取決於你的月營業收入。月營業額兩百萬，每個月租十五萬元的店面輕鬆無壓力；但是一個月營收只有六十萬，要租十五萬的店面，房租就佔了月營收的百分之二十五，簡直要命。

租金佔比也有通則可以參考。佔月營收百分之十以下是安全線，可以確保長治久安、永續經營，有穩定的獲利，也有開分店的本錢。百分之十五以上則是警戒租金佔比，經營上較為辛苦，一不小心就是虧損，如不謹慎面對，只是幫房東打工而已。

租金佔比達月營收百分之二十以上則是死亡租金，表示無利可圖，除非你租店的目的不在賺錢，而是當廣告店，否則別戀棧，最多試個半年就撤店吧！

一般而言，租金高相對代表地段地點好，但這不是絕對的。一般餐飲業，是一流的商圈做一流的生意，厲害的餐飲業，是三流的商圈做一流的生意。一些高知名度的百貨商場、大型購物中心，對餐飲業者租金抽成高達百分之二十甚至百分之二十九以上，不知道這些業者如何賺錢，辛苦了一整個月幾乎都是在替房東打工，做不好還要倒貼現金，有必要迷信這些知名百貨商場嗎？

水電瓦斯費用，在會計學上稱為半變動費用，業績穩定時在正常情況下變動不大，可視為固定費用來處理。一般餐飲店每個月的水電瓦斯費用，大約佔業績百分之三到百分之五，超過則要注意和檢討。冬季和夏季用電計算有差異，在台灣兩個月計價一次。

至於折舊攤提，一家餐飲店從拆除、設計、裝修、廚房設備、招牌、冷氣、鐵工、木工、油漆、電腦、收銀機等所有費用都要計入。如房租五年，整個費用三百萬元，以五年折舊攤提計算分六十個月，每月折舊攤提費用就是五萬元。如果整個費用是一千萬元，以五年折攤計算，每個月是十六萬餘元，這兩者一月相差至少十一萬以上，不可不精算。

找出你的成功關鍵

餐飲業競爭的本質是什麼？你的成功關鍵又是什麼？裝潢和氣氛絕對不擺第一，也不是排第二。花大錢裝修你的店鋪，剛起跑你就輸人家，這是起點的不公平。所有室內設計和商用空間設計者都希望與眾不同、有創意，這意味著必須多在裝潢上花錢。我們同意要有創意和創新，但是不同意多花錢，魚與熊掌必須兼得。

分析整個台灣傳統餐飲業典型模式，也就是分析其獲利模式，營業收入減銷貨成本、房租費用、水電瓦斯費用、人事費用、折舊攤提費用；如果你是連鎖店，尚有總部費用或是中央廚房費用，剩下的純利潤所剩無幾。若不相信，可以參考台灣上櫃上市的財務報表，王品（二〇一九年營業收入一百六十二億元，稅後淨利三點五五億元，獲利率百分之三點九）、六角國際（二〇一九年營業收入四十九點五億，稅後淨利三點八億，獲利率百分之七點六）、瓦城（二〇一九年營業收入四十九億，稅後淨利三點六億，獲利率百分之七點三）、安心食品（摩斯漢堡、安心食品二〇一九年營業收入五十四點五億元，稅後淨利一點六二億元，獲利率百分之二點九）。雅茗、KY（二〇一九年營業收入二十二點二億，稅後淨利一點二九億，獲利率百分之五點五）近幾年的表現獲利大都落在百分之五左右，這是天花板，也是慣例。

個人從事餐飲連鎖業三十年以上，這個產業只有三種人保證一定賺：第一，政府，你該繳的稅金一毛都跑不了；第二，房東，不管你生意好不好，房租一定要付；第三，供應商，包括裝潢機器設備供應商、食材供應商，不管你的店是賺是賠，他們一定賺錢，只是賺多賺少的問題。

我們面對傳統困境，如何走出一條新的路，如何創造餐飲業成為一個新的業態、新的物種、新的餐飲時代？建立一個屬於自己的、不朽的餐飲連鎖帝國？我們的夢想有多大，帝國的版圖就有多大，如何邁向新的餐飲世代，可以有哪些對策？

對策一：從營業收入下手

透過商品的重新組合，成為新的物種、新業態，走一條新的藍海，擺脫競爭、提升業績。

以咖啡為例。咖啡可以附加什麼？

咖啡＋蛋糕＝金礦咖啡

咖啡＋蛋糕＋麵包＝85℃咖啡

咖啡＋蛋糕＋麵包＋伴手禮＝幾分甜

咖啡＋早餐＋飲料＋簡餐＝路易莎咖啡

咖啡＋簡餐＋氣氛＋休閒＋品牌＝星巴克

如果將咖啡＋（　　　），改成茶＋（　　　），可以填入哪些品項？你想得到，它就成為一個新的物種、新的業態。透過商品的重新組合或者服務方式，你就能夠走一條新的路，必定能夠提升業績，增加客單價，邁向新的餐飲世代，也是創造一個新的歷史。

對策二：外送是賣場的無限延伸

餐飲店面積有多大，座位數大概就有多少，這是一定的規則。座位數是限制營業收入的框架，要突破框架，對餐飲業而言，只要廚房產能足夠，外送外賣可以提高生產力和增加業績，何樂而不為。

近一兩年的新冠肺炎疫情大爆發，「宅經濟」再度受到重視。一些原本高檔的餐飲業或是五星級的飯店，也推出外送外賣服務。如果能夠額外增加百分之二十的營業收入，扣除銷貨成本，多出來的就是賺。

然而要注意的是，外送平台抽成百分之十五以下算合理，超過百分之二十的抽成，必須要爭取和談判，必要時自己送，不必假手他人，或是獎勵消費者自取，也是一種方式。

外送時的包裝要注意，不要破壞美感和食物的風味，使品質下降。站在消費者的立場，該有的餐具、容器、說明皆不可少，店卡與優惠券也要齊備，留下消費者資料大有用處，千萬不要忽略。

對策三：變形、變種、變名

改變包裝和形態，提升商品價格，只要消費者可以接受、不抗拒，無形中等於又增加了新的營業項目。

例如一杯平凡的奶茶只能賣三十元，加上珍珠變成四十元，再加上黑糖和龍紋（掛在杯上的黑糖紋路），可以變成五十元；再加上日本沖繩黑糖，一杯就是六十元……其實從奶茶變成日式黑糖珍珠奶茶，售價一口氣翻成雙倍，但增加的成本不超過七元，店家多了獲利，消費者也更喜歡，這就是雙贏。

同樣都是排骨飯，台式排骨飯售價八十元，日式排骨飯卻可以賣到兩百五十元，只是配菜多一點、排骨厚一點，增加的食材成本大約三十元，售價卻接近三倍。想一想你的店、你的商品，有什麼可以變形、變種，再重新包裝？想到了就贏一半，消費者喜歡，就贏另一半了。

對策四：與零售通路、虛擬通路結合

這幾年許多知名的餐飲店和火鍋店，將火鍋湯底賣進了超商、超市通路，包括麻辣湯底、海鮮湯底、酸菜白肉鍋底、羊肉爐、薑母鴨等；也有許多的快煮麵、拌麵、牛肉麵，以軟式罐頭真空包或冷凍包裝方式，在通路中販售。在零售通路購買這些商品的消費者，和到店現場消費的顧客沒有重疊。這一群消費者屬於衝動性購買，對店家而言是多出來的營業收入。技術的層次問題，必須找專業的代工廠加工。通路的關係要長期建立，不是只有農曆年賣個年菜而已。

對策五：快閃、直播、叫賣……不要看輕新媒體

餐飲業的先進前輩和經營者，大部分都比較樸實、純真，只會默默耕耘、埋頭苦幹，盡自己的本分做事。他們很會料理、手法一流，但就是不會賣東西。

現在新科技、新媒體、新行銷方式不斷問世，有人以「快閃攤位」方式經營，也有人開直播賣海鮮。我太太的朋友，在大台北地區擁有六家海鮮快炒店，也在臉書上直播販售活體海鮮、熟食、肉品等。我曾親眼目睹在三十分鐘將一組要價新台幣五千八百元的海鮮套餐（十一隻龍蝦、六隻螃蟹、兩斤牛奶貝、一隻石斑魚）賣出四十套，進帳至少二十三萬元。試想他們一天拍賣八小時，營業收入該是多麼可觀。各位先進不要只會低頭拉車，也要抬頭看路；要邁向新的餐飲世代，也要接受新的想法、新的媒體、新的做法。

對策六：將店內商品延伸和零售化，增加外部商品

舉世聞名的星巴克，店內不僅提供咖啡簡餐，同時也販售杯子、提袋、背包、隨身瓶、不鏽鋼杯、冷水杯、咖啡豆、蛋捲禮盒、洋芋片等等；摩斯漢堡不只賣米漢堡，它的延伸性商品有蒟蒻禮盒、日式咖哩包、米餅，日式和風醬、茶包、玉米濃湯、可可包、即食粥、泡麵等。又如鬍鬚張，他們不僅販售中式速食，也有賣魯肉包、三寶禮盒、豬腳禮盒、雞絲包、粽子禮盒、香腸禮盒、烤肉禮盒、年菜等。這些都是延伸商品。

當你的店有了「品牌知名度」，隨之而來的就是附加價值。當客人喝了一杯咖啡，又買了杯子和咖啡豆，原先客單價從一百元提升到五百元，店家開心，客人滿意。想在原有的業績上提升百分之十的營業額，不妨考慮以上的做法，值得一試。

對策七：盡量以套裝方式販售，提升客單價

西式速食業常見的手法，便是將漢堡和飲料及點心一起售出，套餐會有小額折扣來吸引客人，用意在於節省點餐時間和一次購足，並維持一定的客單價。麥當勞、摩斯漢堡、肯德基和早餐店業者都行之有年，將自己的特色餐點放入套餐中作為主打，既能讓客人一目了然，也不會漏點；加上適當的成本精算，大家都開心。

試想，手搖茶飲店如果只賣茶，一杯茶最多五十元，能不能加一個甜甜圈或三明治，將客單價從五十元提升到九十元以上？中式餐廳以十人桌菜為主，但平常日兩人、四人或六人，卻是比較多的用餐組合，若能將十人份的桌菜濃縮精簡到兩人或四人，必定討客人的歡心。不要小看這種方式，這可以在來客數不變的情況下，輕而易舉地將業績提升百分之五到十。

對策八：找出獲利模式，持續開店、擴大、複製

只要單店能賺錢，多店一樣能賺錢，這表示你的經營模式是成功的，也禁得起考驗。只要有人、有資金、有店面，就可以大膽複製展店。

然而，餐飲市場很競爭，仿冒的人也很多，時機很重要。有時一個猶豫、一個遲疑，都會喪失先機。冰出於水更寒於水，後發先至的關鍵，在於「速度」，都是「以快吃慢」。例如金礦咖啡，在二十年前是南霸天，十年後被85℃超越了；三年前路易莎咖啡在台灣又超越了85℃，所有致勝關鍵都是「以快吃慢」。

機會不等人。只要能成功，不管是加盟店或直營店，都是好店。商場如戰場，直營店像是正規軍，加盟店是游擊隊，只要能打勝仗，管他是正規軍或游擊隊。沒有好不好，只有贏不贏。

對策九：人力配置的調整

基本上，小型餐飲店是維持「前店後廠」的概念，在處理生產製造的活動；而一般的連鎖餐飲業，則是有總部和中央廚房或配送中心，所要努力的就是簡化門市的流程，與不必要的二次加工程序。如現在市面上的滷味攤和飲料店，滷味攤的食材從工廠到店鋪，基本上是滷製完成，以真空或冷凍方式出貨，店鋪的功能只有解凍、擺飾、切分、收銀的功能，真正的技術在工廠，費工費時的工作也在後端，不是在前台。

餐飲業邁向新的未來，新的時代在人力端的部分有幾項可以努力：

1

把勞動密集的工作轉後台或是中央廚房，減少門市二次加工，將核心技巧留在後端。

2

加盟店的成立，實質上也是一種人力外包方式，委外全權處理人事問題和成本。

3

智能點餐取餐（自動點餐機），可以節省人力，尤其尖峰時間幫助很大，客單價低的優先使用，高單價餐飲不一定要用此系統。

4

使用線上電子支付工具，可以減少門市收銀時間。

對策十：食材成本的細節掌握

如果你只是一家單店的餐飲店，基本上在食材採購的談判方面，幾乎沒有什麼籌碼。因為沒有「量」，要跟供應商談什麼？食材成本可以說是餐飲業每月最大的固定支出，其次才是人事費用，但食材成本也不是愈低愈好，低於百分之三十的食材成本率，所呈現出來的是什麼的品質與價值？消費者也不是傻瓜。別人小籠包一顆十元，鼎泰豐一顆要二十二元，貴不貴、合不合理，事實上取決於消費者的認知。

定價當然是決定成本的第一步。尤其是主力商品，銷售數量和金額最大，必須仔細精算，可參考競爭對手的做法。輔助商品銷售量較少，部分商品能夠吸引客人，可以當做戰鬥商品，毛利低一點、交叉運用。定好價格後不要隨意調整，否則消費者容易反感。一年做一次檢討，進行總檢視。

食材的運用上，盡量使用當季的食材，也盡量就近採購。當季食材最新鮮，產量多、品質穩定、價格也合宜；就近採購則能減少不必要的運費，又可以節能減碳，一舉兩得。

在餐飲業，最需要的是人，但最不可靠的也是人。是以，一切都必須靠制度。內場師傅既是採購又要驗收，經營者務必建立一套公開合理透明的採購驗收制度，可以避免一些人為的干預和疏失。有些人是經不起誘惑的，不要天真地認為自己人不敢造次，出問題的往往都是自己人。

此外，經營者也必須借重即時線上查價系統，不能一問三不知。買的東西價格合不合理、貴不貴，不必自己跑到市場去問，線上就可以立即查詢訪價。一斤豬肉多少？一斤雞肉多少？一斤蔬菜多少？市場行情每天都有公佈，上個網就可以查。給供應商多少的利潤、多少的運費，一切可以公開透明，雙方可以坦誠協商、坦誠合作。但記得，若你要挑大小、規格和部位，那就是另外一回事，價格自然會上升。

對連鎖餐飲業而言，數量就是優勢。若用年度計劃預測營業收入，就能推估年度需求量；有了需求量，就可以跟產地以契約制來採購商品，減化大盤、中盤、批發商的層層關卡。直接跟產地買，一次採購一年的量，簽訂合約，雙方都有保障。

例如爭鮮迴轉壽司，店內販售鮭魚壽司、鮭魚生魚片，目前不僅是全台灣最大的鮭魚使用者，也是最大的鮭魚批發和進口者。或如鬍鬚張滷肉飯，所使用的台灣在地優質米，也是年度採購契約所取得。台灣大型速食連鎖店的蔬菜、牛肉、雞肉、麵包都是年度採購，年度議價的結果，價格絕對比別人低，品質也會更有保障。

當你的店只是單店或是名店，甚至只是多店經營，都不一定需要中央廚房或配送中心。但是當你確定要走連鎖店或加盟店，就要準備成立中央廚房了。只有一家店，就是「前店後廠」足以應付；一旦店多了，需要增加產量，一般店鋪租金高、場地小、寸土寸金，相形之下成本更高。且更重要的是必須發展高附加價值的商品，並保留重要的核心技術，其他附加價值低和費時費工的商品，大可委外處理。不必擔心委外代工廠的反撲或是黑心，畢竟通路和店鋪掌握在我們自己手上，有商品沒有通路，等於有子彈沒有槍，成不了氣候。

千萬記得，成立中央廚房是一條不歸路。投入成本非常高，只能一路向前，回不了頭，也沒有退路。中央廚房對餐飲業而言絕對是個包袱，也是一個重要的競爭武器。當你的規模愈大、店數愈多，包袱自然愈來愈小，武器愈來愈大；若是相反，你所面臨的將是無盡的沉重未來。

新世代的餐飲業，一樣要面臨許多基本問題。以滷肉飯連鎖店來舉例，最暢銷的湯品是苦瓜排骨湯，試問：一公斤排骨可以做幾份排骨湯，一公斤苦瓜可以做幾份苦瓜排骨湯？無論新舊世代的經營者，同樣要面臨這些基本的計數問題。

針對中央廚房而言，一公斤排骨和一公斤苦瓜做多少份湯，這是固定的，也就是「標準成本」。但實際成本不一定等於標準成本，生產過程中投入和產出的差異，叫做「用產差異」，不明損耗、不良率、原料品質、食材價格都會影響。**一般生產端的用產差異率落在百分之二以內，是可以接受的**。

貨品到門市以後，一百份的苦瓜排骨湯，實際收到的錢，也是一百份嗎？別忘了，餐飲業每月固定最大的支出，就是食材成本。你花多少時間關注這件事？使用費與銷售量是否相等？其中的不明因素值得探討，這就是產銷差異。最怕東西賣出去，錢進了誰的口袋都不知道。

我們可以透過現代資訊系統來自動追蹤、自動提醒，一切透明化、公開化、數字化，不管誰來做，標準都一樣。我們談的是邁向新的餐飲世紀，勿讓基本問題困住我們發展的腳步。

最後，無論如何，都要堅守食材成本＋人事費用的潛規則：

- 食材成本＋人事費用佔業績比率，60%以下：黃金業績水準線，你的經營模式處於高獲利的黃金幸福區域，是成功的獲利模式。
- 食材成本＋人事費用佔業績比率，65%以下：屬於安全平穩水平線，在合理的安全範圍。大部分業者都在這一個區域。
- 食材成本＋人事費用佔業績比率，70%以下：您的經營非常辛苦，處於警戒水平準線，一不小心就會虧損。建議調整步伐再向前。
- 食材成本＋人事費用佔業績比率超過75%：這是死亡交叉線，百分之

95%的餐飲業處在這個區域，這幾乎是鐵定賠錢，能賺錢都是奇蹟。

建議大刀闊斧改進，否則壯士斷腕收店吧！留著青山在，不怕沒柴燒，**用同樣的人、同樣的方法、賣同樣的商品、開同樣的店，答案都是一樣的，奇蹟不會發生的，這是科學的定律**。

綜觀餐飲業的百年發展，無論是高級的法式、日式、中式餐廳，一百年前跟一百年後，調理方法與服務方式，幾乎沒有什麼改變。紅酒的品鑑、咖啡豆鑑賞和評定，靠的還是「人」。這是不變的方式和行業規則，科技和創新，對他們似乎起不了什麼作用，但是下一個一百年，或許會有些改變。

近年來各種ERP、CRM等資訊軟體愈來愈成熟，大數據的運用在餐飲業決策上也不是什麼新聞，線上支付工具花樣百出。消費者有更多的選擇，百年來餐飲業的變與不變，一直是世代交錯進行，有衝突也有矛盾。我們知道餐飲業所有的經營管理數據，都可以透過大數據以及AI系統來分析，能夠直接把供應商或是中央廚房的財務（包括進貨成本和每日生產情況）連接起來，讓管理者更了解所有門市的最新營運情況，並且立即採取必要行動。但事實上，絕大多數的餐飲業，並不具備長遠的眼光和全面的佈局，也沒有將資金和精力聚焦在品牌再造、財務分析、體質優化、軟硬體的改革上。因此若有餐飲業者具備邁向新餐飲世代的思維，就能夠贏在起跑點，超前部署，做好各種準備，迎接未來的資本化和規模化發展，成為新餐飲世代的領航者，建立一個屬於自己的餐飲帝國。

實策五

老是缺人怎麼辦？

每個行業都缺人，但是餐飲業缺人比其他行業更嚴重。這個行業的規範指標如王品、鼎泰豐、麥當勞、摩斯漢堡、星巴克、鬍鬚張、瓦城、路易莎、肯德基，幾乎天天在招聘員工，不管是店門口的招募海報，或是打開人力銀行網站的招募網頁，餐飲業招人廣告一大串，從兼職到正職，廚房師傅、儲備幹部，甚至到高階主管都有。

餐飲業缺人的因素很多，包括主觀和客觀的問題，也有產業特性和工作條件、場所等問題。企業始於人也止於人，沒有穩定的人力，就沒有穩定的品質；沒有穩定的品質，就沒有穩定的業績。餐飲業不是找不到人，只是離職的人比新進的人多，也就是流動率大，所以缺人。餐飲業是服務業，也是高度辛苦的行業，人員夥伴同事內場外場來來去去，多數年輕人嫌辛苦操勞，假日又不能休息，有男女朋友的沒辦法約會，沒男女朋友的無法和同學好友相聚，三餐不正常，又經常碰到一些不可理喻的奧客……餐飲業不是沒有人，只是留不住人，或者說，留不住好的人。

基層員工最想說……

從業多年，我聽了不少年輕人的心聲，經營者可以收在心裡當參考。這些基層的聲音，或許不一定是問題，可能也有點天馬行空，但的確是基層員工最真實的看法：

「老闆和主管不要太機車、碎碎念，我們才賺你多少錢，心情不好，生意不好就找我們出氣，做錯了講一次就好，不要一直講、一直唸，很煩人。」

「薪水能不能高一點，至少比同業高一點。時薪一五八不好賺，我大學剛畢業，要還學生貸款，起薪希望三萬元以上。」

「當我們落難的時候、遇見奧客時，我們被冤枉了、受欺負了，希望老闆和主管站在我們這一邊，我們是夥伴，是一起打拚的人。」

「請給我們尊重和鼓勵，我們出來是為了賺錢，當我們做得很好時，麻煩你們鼓勵我們、稱讚我們，我們會做得更好，那怕是口頭肯定，也會讓我們心情愉快，這也會反應在服務上和商品製作上，溫暖大家的心，還不花一毛錢。」

「颱風天出勤上班時，可以讓我們搭計程車上班由公司補貼，不要叫我們上班又要我們自己想辦法。我們家附近也是淹水，我也是一樣來上班。」

「除了每天免費的員工餐之外，如果有一些新菜、新商品上市，或是內場師傅有一些創意，我們都願意自願試吃提供意見。每天吃員工餐也會吃膩，能夠吃到一些特別的、新鮮的東西，對我們來說是一件平凡卻幸福的事情，否則員工餐都是吃一些快過期、不新鮮、客人不吃的東西才給我們。我們只是卑微地要求一種『平凡的幸福感』。」

「如果有免費的試吃券或是優惠券，可以先給我們。我們在這裡上班，家人朋友都知道，我們想跟家人和朋友分享。我們以在這裡工作為榮，你們送了一大堆不相關的人，卻忽略我們才是最佳的宣傳人員和見證者。請相信我們，我們是真心希望店好、公司好。」

餐飲從業人員累什麼？

大家都知道做餐飲業很累，到底是在累什麼？

若以中式餐廳（包含宴會廳）為例，大部分都是兩頭班——早上十點到下午兩點，中間空班，下午五點繼續上班到晚上十點——空班幾個小時，最多就是吃飯休息，想往外跑，不是時間太短，就是又要花錢，乾脆待在店裡睡覺、打屁、聊天玩手機，打發時間。假若晚上有預約，其實下午四點就要開始準備餐具、張羅桌椅。逢上宜嫁娶的大日子，光是抬桌椅你就腳軟，更不用說還得搬飲料、擦杯子、佈置會場。想下班？很抱歉，必須看最後一個客人是幾點走。有些客人多喝幾杯吐了一把，最難清潔和處理。要是生意清淡，主管說你現在就可以休假、給你補休，沒生意就砍人、砍班。有生意累，沒生意也慘，很難取得平衡。

西式餐廳兩頭班的情況比較少，但早餐、午餐、下午茶、晚餐也是相當緊湊，人一多時，光收盤子就來不及；客人一招手，也顧不得滿手的碗盤，不優先處理小心被客訴。西餐刀叉盤匙使用特別多，加上飲料、甜點，光洗盤子刀叉會讓人洗到懷疑人生。

速食業呢？不論中式、西式速食，主要人力是兼職人員，西式速食的正職和兼職比大約一比九，店裡二十個員工排班，大概只有兩到三名正職員工，人員流動率大是常態。好在速食業的教育訓練系統比較完整和全面，但是工作站的排班一個蘿蔔一個坑，大家各司其職，非常緊湊，SOP手冊規定嚴格，絕對不允許出包；工時控制嚴格，剛忙完尖峰想喘口氣，主管就請你下班了。班表清清楚楚，除非生意真的很好，否則想要多排班、多領一點時薪，幾乎不可能。店主管算得很精，一個尖峰班次下來汗流浹背，累得吃不下是家常便飯，速食業不養閒人，這錢不好賺。

餐飲業絕對是辛苦的行業，但這個產業對員工而言，仍然有一些好的地方。雖然時薪不算高，但上班期間供餐，對很多經濟拮据的學子而言也是一份幫助；有心存錢者只要控制花費，要賺到自己的學費，甚至存錢買手機、電腦、機車等，都是大有人在。

缺人，是誰的問題？

對餐飲業的員工來說，從基層升上來的店長或是主管，比較能體諒基層人員的辛勞；高學歷的空降主管，往往比較不食人間煙火，既不會體諒基層人員，又心高氣傲、咄咄逼人。

經常聽到同業的餐飲老闆或高層抱怨缺人才，要嘛剛報到的人跑了，或是有些專業經理人來不到半年就走了；有些公司招聘五個人、走掉八個人？不是沒有補人進來，卻是留不住人……這麼多人來來去去，是不是有一些地方值得改進？有沒有自我反省與檢討，看看問題是不是出在自己身上？

餐飲業老闆或是高階主管，最常犯的毛病有以下幾個：

第一，把員工當做賊。生性多疑的老闆或高階主管，不僅很難凝聚向心力，相處起來更是一種折磨。大型連鎖餐飲店可以用制度規章與標準流程，去規範員工的行為，透過公開的方式來去除弊端、防範未然。小型的餐飲業當然也需要管理，但更需要凝聚力和向心力，有了共識，才能進一步談管理。

但是生性多疑的老闆或是高階主管，一般都不喜歡公開監督，而是喜歡培養自己的親信，然後祕密回報。不管這些親信回報什麼，老闆都深信不疑，有如錦衣衛再現。有能力、有想法的員工不吃這一套，離開也是正常的事。

第二，缺乏魅力。作為一個老闆，除了認真經營事業、關心員工之外，一定有自己的夢想、處事價值與做人的原則。員工來到我們這裡，不只學技術、學經營，同時也是在學做人。除了賺錢，我們有什麼目標？什麼願景？我們的理想是什麼？當員工覺得煩或累的時候，其實就是沒有熱情，經營者如何協助員工把熱情找回來？

一個人具備魅力，周遭的人會被感動，進而學習、欣賞、追隨。有魅力的老闆值得年輕人學習和模仿。我很幸運地遇過幾位魅力十足的老闆，例如鬍鬚張魯肉飯張永昌董事長，一生堅持發揚台灣傳統美食與台灣文化，教導我對人生、婚姻的看法，其做人處事的道理影響我甚多，我也以他為榜樣。前好樂迪KTV總裁盧燕賢先生非常尊重知識分子，為人也非常有親和力，只要你有能力，他一定支持，他完全沒有大老闆的架子，對於產業的整合有著獨到的看法，是個顛覆傳統的革命家，非常具前瞻性，也很有破壞性的策略，能夠在他旗下工作，是一件幸福、快樂的事。許湘鋐董事長也是連鎖餐飲業的一代梟雄，他的市場敏銳度無人能及，行動快速、領先業界，創意和彈性令人佩服，是個非常有熱情、天生的領導人。有魅力的老闆和高階主管不缺人才，因為他們對人都是真心珍惜，人自然就會願意留下來。

第三，只看缺點。人都是不完美的，我們是凡人，不是聖人，太過要求完美，對自己是殘忍，對別人也是痛苦。有些廚師能夠專心做好菜，就是功德無量，你卻希望他能夠跟客人交際，去跑業務、接訂單，硬逼的結果就是兩敗俱傷。有的外場人員可以笑臉迎人，對數字卻不太靈光，經常算錯帳，你還強求他管收銀……如果當老闆和高階主管的人，永遠只看到員工的缺點，而不懂得欣賞、善用他們的優點，當然留不住人。

第四，吝嗇小氣。勤奮節儉，是大多數餐飲店成功的重要因素。許多餐飲業的前輩先進都是白手起家，在非常缺乏資源和惡劣的環境之下，一路闖出一片天，賺的每一分都是辛苦錢，一個錢打三、四個結很正常。有些老闆對自己對別人都很小氣，有的老闆卻是對自己大方、對別人吝嗇。自己開名車、住豪宅，上一次酒店動輒七、八萬，過年發個員工年終獎金三千元，你是員工你怎麼想？你的店有沒有賺錢，員工比你更清楚，員工也要養家活口、買房買車、孝敬父母、發紅包、付小孩學費……不能分享分利的老闆，誰願意跟你一起打天下？要幹大事的人不能小氣吝嗇，否則成不了氣候。

第五，不懂鼓勵和稱讚。要讓員工發光發亮，充滿熱情、活力四射，最好的良藥就是真誠的鼓勵和讚美。用恐嚇威脅來領導，員工心中只會充滿偏激和怨恨，店的氣氛也會缺乏活力與朝氣。有什麼樣的老闆就有什麼樣的幹部，有什麼樣的幹部就有什麼樣的員工，有什麼樣的員工就有什麼樣的客人，這是物以類聚的最佳寫照。真誠的鼓勵和稱讚不花老闆一毛錢，不要客氣也不要吝嗇，大方、公開讚揚員工，這是一種正能量。

我曾當眾稱讚我一名部屬說：「你非常聰明，是讀書的料。」那時他才二專畢業，隔年以同等學歷考上研究所，畢業後再考上國立大學企管博士班，目前在一所私立大學任教。我也曾鼓勵一名新進的幕僚人員：「你很厲害，這件事情辦得好，有前途，是明日之星。」此後三年，最困難、最麻煩的事他都搶著做。身處工作的每個人都很辛苦，壓力也不小，老闆不要吝於用鼓勵和稱讚，為公司的大家點一盞溫暖的明燈吧！

第六，事必躬親。老闆當然不能什麼事都扔給員工做，但也不該什麼事都搶著做。尤其是技術底出身的老闆或主管，不動手做都會手癢難耐，特別要注意這一點。我們要培養獨當一面的部屬，自己才能輕鬆；輕鬆不是去玩樂，而是把精力和時間放在未來發展的思考上，去安排更重要的事。

現代的餐飲業面對的不僅是商品、價格或創意的競爭，更是人才的競爭。沒有好的人才，我們拿什麼跟人家拚？事必躬親的老闆，無非是不相信部屬的能力，以及害怕自己被取代。但如果不能培養自己的分身，就算你武藝高強、三頭六臂，也難以承受日復一日繁雜瑣碎的工作，最後只會累垮自己。

第七，只想用比自己笨的人。為了企業未來的競爭力，大家分工合作、各司其職，不僅要做好份內工作，有時候還得一人身兼多職。經營和管理是瞬息萬變的工作，我們必須站得更高，才能夠看得更遠——要站在侏儒的肩膀上看世界，或站在巨人的肩膀上看世界，都在老闆的一念之間。

要建立一個不朽的餐飲連鎖霸業，必須招賢納士、廣招各路英雄，老闆不必是最厲害、最聰明的，但是一定要能夠整合各方力量，指引方向，有著自己的信仰和價值。採用比自己笨的人，當然好掌握、好配合，可是五年十年之後，這些人能夠協助你承先啟後、繼往開來嗎？這些人可以解決現在的問題，但是沒有能力解決未來的問題，他們可以「做工」，但不一定能「成事」。再想一想，《西遊記》中的唐三藏，不只武功最差，還一身軟弱，可是身邊有孫悟空、沙悟淨、豬八戒這些英雄好漢，才能一路平安前往西方取經。你的身邊，有沒有孫悟空呢？

高薪能夠買到人才？

挖角、高薪聘請，在餐飲業可以說是司空見慣。有些老闆認為人的問題好解決，有錢能使鬼推磨，別人給多少，我就往上加；年薪一百萬，我就加百分之五十、甚至百分之一百，無論如何一定要搶到手，不相信花大錢挖不到人才。

沒錯，「高薪聘請」對於餐飲業的任何人都有吸引力，也一定多少有一點動心，生活壓力大和為錢所困的人，可能立刻帶槍投靠。可是有些人不在乎錢，他們要的是一份尊重、一份歸屬感、一份成就，有時不是錢可以打動的。更何況，錢可以買到忠誠嗎？今天你多加三萬挖來的人，明天別人再加三萬，一樣可以把他挖走。今天為錢來，明天也可以為錢走。

許多餐廳門口都會張貼名廚、大師的廣告看板，做為行銷訴求的重點，藉以攬客上門，可是不到一年照片就換人了，為什麼？因為名廚或大師們，做事往往有自己的規矩和法則，如果新的環境他們不適應，或是感覺不受尊重，不喜歡老闆訂的規則，再加上沒有好好溝通，很容易產生誤會，做不了多久就會離開。「技術」或許可以花錢買，但人與忠誠，都是要自己培養的。

高薪請來的人才，也需要放在對的地方，才能有恰如其分的發揮。我有個朋友透過人力仲介公司，從一家跨國連鎖餐飲企業挖來四人，給的薪資福利和待遇，都優於同業至少百分之三十以上。這四人負責到中國發展連鎖加盟餐飲業系統，前後不到一年，四位全部鎩羽而歸。

我剛知道時有點錯愕，後來與朋友討論出一些結論。這四位人才做事習慣分工很細，是大集團軍的作風，需要龐大的後勤支援系統；但我們像越軍一樣小米加步槍就上戰場，遇到問題自己想辦法解決。且他們在既有的軌道上雖然如魚得水，一脫離了軌道他們就寸步難行，但是我們前方根本沒有路，自己要想辦法開路，山不轉路轉，路不轉人轉，彈性大到幾乎沒有章法，這是正規軍和游擊隊戰術的不同。再則他們對於連鎖直營管理非常內行，但是一碰到加盟系統，卻是使不上力。最後只能宣告失敗。

人才沒有好或不好，只有合或不合。在甲公司是人才，有時在乙公司是毒藥。以朋友的例子而言，既然要在中國發展，人才也應該在地培養，才能了解市場、更接地氣；空降一批完全不了解市場需求的人，是一件高風險的試驗，不只浪費時間、浪費資源，還折損了一批將領。

餐飲業的用人實戰策略

餐飲業各方面競爭慘烈，你缺人、他缺人、大家都缺人，大家搶成一團，有人來應徵，我們都高興得不得了。尤其旺季缺人缺得一塌糊塗，後勤的人都到前場去支援了，看到有人來應徵，像是溺水時看到浮木漂來一樣，不管三七二十一，先用再說。

十五年前我在一家連鎖家庭餐廳任執行副總，有一位江姓店經理，曾經很自豪地告訴我，他的員工制服只有M和L兩個尺寸，意味著太瘦小或是太胖的人他都不要，年紀比他大，他也不要（他當年三十五歲）。

兩個月後，公司採購主管告訴我，江經理要求進兩件大號的女生制服。我去門市時，問他怎麼想通了？他說他已經自己洗碗洗兩個月了，總算有中年婦女來應徵，他也就不堅持了。結果這個員工，一待就是兩年。

這個故事告訴我們，原則經不起現實殘酷的考驗，當連基本人力都不足時，你有什麼資格說不要？

餐飲業從業人員流動率大，人員來來去去，有些人真的不好、該讓他走，有些人明明不該走卻還是走了；有些人工作不力，大家心知肚明，可是沒有人力可以替代，先頂著用吧——你是不是經常出現這種對白，在內心深處吶喊掙扎呢？

以下這張〈餐飲業用人策略方法圖〉，提供大家在用人上的實戰建議，給大家參考：

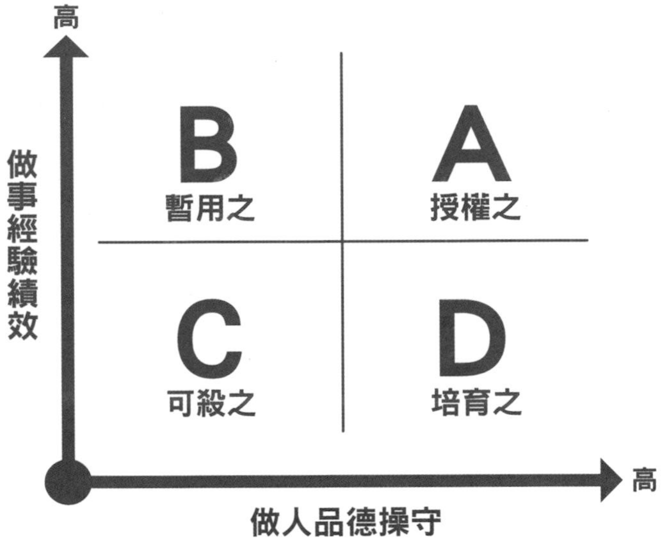

說明：

授權之（圖A部分）：

這種人才可遇不可求。人家說十年磨一劍，要培養餐飲業的未來接班人，這類人可以大方授權給他們處理，因為他們做事績效好，又有戰力，做人品德操守經得起考驗。好好留住這些人，他們是企業的中流砥柱。

暫用之（圖B部分）：

這類人做事沒有問題，績效也不差，只是品德操守不佳，或做事不擇手段，或在感情及生活有瑕疵。但是目前沒人可以替換，只能暫時先用，需小心提防作怪。

可殺之（圖C部分）：

這類人做事績效差，做人又失敗，留之無用。企業不留無用之人，留下他們更會成事不足敗事有餘。針對這些人，必要時殺一儆百、以正視聽。品德操守教不來，不要浪費時間和資源在他們身上。

培育之（圖D部分）：

這類人在企業是中間穩定多數，做事績效不好，但可能是方法不對，或是機運不好。他們認真勤勞、配合度高，給他們機會好好訓練培育，看能不能把他們從D區接到A區來，這就功德一件，大家一起成長。

餐飲業缺人的情況和環境、工作氣氛、老闆個性、企業文化，都是息息相關，也包括員工自己的特質。整個大環境的趨勢走向少子化，很多家長也不願孩子從事餐飲業，擔心孩子吃苦受罪；新來的人沒有任何工作經驗，開價月薪四萬元，下班時間超過十五分鐘先問算不算加班費？主管稍微念了兩句，明天就不來了……在餐飲業，我們培養人才，給後輩和新人機會，真心付出，讓他們出國考察、花錢上課，照顧他們的生活，可是往往面對的是無盡的背叛和跳槽。其實餐飲圈子很小，山水有相逢，當你要往高處爬時，記得不要踏在別人的頭上，事情不要做太絕，當你有一天落難時，你會需要有人拉你一把。

我在一九九〇年踏入餐飲業，那時月薪兩萬四，月休四天，每天工作至少十二小時，休假日加班沒有加班費。但我做得很快樂也很開心，份內工作做，份外工作也做，一路從專員到課長、副理、經理，花了五年時間，第六年升協理，第八年升副總經理。在升協理那一年年薪破百萬，以當時餐飲業的行情是高薪。現在一個餐飲業的經理人平均月薪五萬元左右，要年薪破百萬，表現必須非常優秀，中餐西餐主廚最多六萬元，而且至少工作十年以上才有這種行情。想一想，與其他行業比較，不論是電子業、金融業、航空業，平均薪資都高於餐飲業，餐飲業的平均薪資落在後段班，試問一個月薪五萬的餐飲人，要背房貸、要養小孩，如何擁有好的生活？大家都想要年薪破百萬，可是這個產業年薪破百萬的人比例卻這麼低，很多人只好向海外尋找新天地，不斷跳槽追求高薪，或是自行創業。餐飲人這樣傷感的民族，何時才能不再傷感？

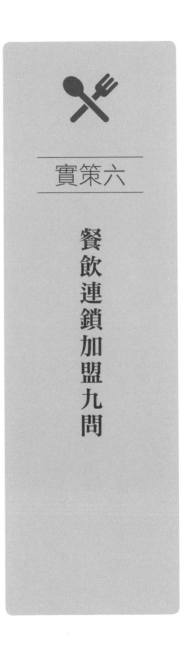

實策六

餐飲連鎖加盟九問

非開分店不可？

台灣餐飲店的發展流程，大多是「單店、名店、多店、連鎖店」的發展模式。本土品牌如鬍鬚張、鼎泰豐，都是這樣一步一腳印地拓展每一家分店。從多店到連鎖，再到海外區域代理授權加盟，走遍一個世代、兩個世代，辛苦累積出現在的成果。

開分店是傳統餐飲業成長壯大的必經之路。二〇〇三年六月，我有幸加入安心食品（摩斯漢堡）的行列，那年全台一共有三十九家分店，有二十家獲利、十九家虧損。袁世民先生擔任總經理，福光昭夫先生任副總經理負責商品、行銷採購，高順興先生任營業部協理，我則擔任副總經理負責店舖開發、工程設備和新事業體系。

店舖數從彼時的三十九家店，半年拓展到六十五家；二〇〇四年十月破一百家店。十八個月我幾乎天天在打仗，披星戴月，一個月最高紀錄有九家新分店開幕；另有一家三十五坪大的分店，從簽約設計到完工試賣只花了六天，幾乎每天都是不可能的任務。那段時期一個月只有四天在家睡覺，其他日子都在外縣市看開幕、發工程、評估新的店，跟房東談租約……二〇〇三年七月份業績是四千五百萬元，員工數是七百二十人；隔一年業績是一億伍千萬元，員工數兩千兩百人。不過一年，業績成長幾乎三倍，員工人數成長三倍，租金佔比由百分之十七降到百分之十左右，每一單店投資成本由六百萬降到四百五十萬左右，開店成功率百分之八十一。

摩斯漢堡由於前輩們打下堅強的基礎、紮實的訓練及豐沛的人才，使得我們這些後輩可以運用很多籌碼。我們開的店全部是直營店，百分之百掌控，現在安心食品每月平均業績至少四億元以上，員工超過六千人。當時整個團隊由袁總經理指揮，我就像裝甲兵永遠衝在一線，負責營運的高順興先生則像步兵師一樣，逐店掃蕩戰場、維持戰果；福光昭夫先生火力十足的行銷文宣如同砲兵般適時支援，整個「步、戰、砲」作戰默契十足，互相補位，才能獲得如此出色的戰績。

開了這麼多的分店有什麼好處？第一：全台知名度大增，房東更願意將房子租給我們，租金議價空間大，有先租期可談六年甚至十年。第二：人員招募更容易，有許多優秀的人加入。第三：店數愈多，有量就可以議價，裝潢成本平均下降百分之二十左右。第四：分店愈多，採購成本逐漸下降，且有廠商願意支付廣告贊助費。第五：開店成功率愈高，失敗風險低，大家更有信心看得到遠景和目標，凝聚全公司的向心力。第六：經過一百家店以上反覆試驗修正，成功的經營模式定案，可以複製成功的經營模式，為海外發展提供最佳 SOP。

綜合以上的看法，開分店是要建立一個「連鎖餐飲帝國」成長壯大的必要手段方法之一，但不是唯一。當你的店只有一家，做得再好，也很容易被模仿複製，若是遇上「以快吃慢」的對手，市場很快就會被對方整個併吞掉。

大量開店可以直營也可以加盟，是否要開分店，需要考慮的點有二：

（一）你的人，準備好了嗎？可以獨當一面去經營、管理一家店？

（二）你的單店成功獲利模式建立好了嗎？現行模式能夠獲利嗎？

以上兩者齊備，就可以開分店了。至於加盟店，若沒有準備好，千萬別輕易嘗試。辛苦是一回事，加盟店的模式比直營店更困難、更複雜。我有兩次經營中式速食和麵包飲料連鎖店加盟的經歷，我只能說：「走過地獄的人，才知道地獄有多可怕。」一再一次傾聽自己內心的聲音，你開分店的目的是為什麼？是求好，或是求快？想清楚再行動。

有的人是在「玩品牌」，每種不同類型開個一、兩家店，屬於玩票性質；或是做文創，追求自己的夢想，玩品牌、玩創意、玩夢想。這樣的人不會想要單一品牌極大化，他們要的是差異化，他們以求「好」為主，而不是求「大」。開分店對他們沒有什麼吸引力，更不用說加盟。他們不缺資金、不缺人力、不趕時間，為了追求自己的浪漫餐飲夢想，雄視寰宇笑蒼生，萬里狂沙我獨行。如果你是這種人，開分店想必不在你的人生藍圖當中。

為什麼要開放加盟？

如果想要賺錢，那開直營店就好，既然店能夠賺錢，幹嘛給別人賺呢？沒有資金開店，可以向銀行貸款或是找人投資，沒有必要一定要開加盟店。如果你自己本身的店不賺錢，卻開放別人加盟，這就是一種騙術；如果你的店一半賺錢一半賠錢，這就是一場豪賭。

或許有些人認為開愈多分店愈賺錢，其實不一定。開直營店有一定的風險，但是開加盟店，穩賺的是總部，加盟店主必須盈虧自負——要向總部進貨，又要支付加盟金和權利金，店鋪裝潢設備又賺一手。直營店如果盲目擴張，人力不足、訓練不夠、標準作業不嚴謹、後勤系統跟不上，難免會犯錯與製造矛盾，反而賺不到錢。如果充分準備，直營店或許一開始比較慢，一但成功複製，展店的速度可以倍速成長。

但如果你是「供貨加盟總部」型態則另當別論。一般我們是先有門市（需求）才蓋中央工廠（供給），但是大膽的人卻是先有工廠（供給）才找門市（通路），不同的思維造就不同的命運。假若你已經有了中央廚房或食品加工廠，你要的是通路。立刻把經濟規模拉上來，拚數量，加快招收加盟店吧！中央工廠在店數少時是一個沉重包袱，你沒有退路，必須盡快打開銷售通路，否則你的工廠會拖垮掉你的資金，撐不了多久。

你開放加盟的目的是什麼？缺人？缺錢？缺店面？要市場佔有率極大化？不擇一切手段必須快速展店？解決生產過剩的問題？你想清楚了嗎？加

盟連鎖是一條不歸路，也是一條最困難的路，我走了兩次，每一次都令人難忘。即使開餐飲連鎖店，也不要輕易走加盟連鎖的路線，這是從事三十年餐飲業老兵的真心話。因為一般餐飲業不像路易莎、85℃、八方雲集、四海遊龍這麼厲害，他們的連鎖加盟能夠成功，是經過了無數的實戰考驗，他們是少數，不是多數。

有些大膽天真的餐飲業者，開了一、兩家店之後，就打廣告招加盟店，開始收加盟金、權利金、賺店面裝潢費用、賺設備錢。當加盟店愈來愈多，雖然收了不少加盟金，但是本身沒有準備好，標準化未成熟，後續的行銷、商品、物流配送、在職訓練、經營管理愈來愈跟不上，加盟者最終只能八仙過海各憑本事，自生自滅、聽天由命。所以有些開放加盟連鎖餐飲總部，開得快，關得更快，糾紛甚至鬧上媒體，案例不勝枚舉。加盟店的經營管理，比直營店更難，也更複雜。

開放連鎖加盟九問

不少技術底出身的店主，一直以來苦幹實幹，從基礎往上拚，他們非常令人敬佩，但往往也是非常堅持自己看法和理念的一群人。對這樣的朋友，我最常提醒的一句話是：「除了低頭拉車，也要抬頭看路。」開直營店是一回事，開加盟店又是另一回事，直營店經營成功，不保證加盟店經營也會成功。

舉例來說，今天總部要求所有分店某商品買一送一，直營店一個命令一個動作，但是加盟店誰理你？費用誰出？你沒有在一個月事先通知、說明，簽好同意書，誰理你的命令？每個加盟店都是獨立的公司，他們都是老闆，他們不想配合，你又能怎樣？

在決定要開放加盟之前，必須先確定自己是否做好所有準備。以下九個核心問題，讓你再度重新檢視：

第一問：盤點你現有的情況——單店？多店？營運狀況如何？

先掂掂自己斤兩：你有幾家店？幾家賺錢？幾家賠錢？一家店總投資額多少？裝潢標準化和設備清單？單店平均業績？經營的成功模式建立完成？租金成本率？人事成本率？銷貨成本率？每一個進貨成本價格計價？哪些必須向總部進貨？哪些開放加盟店自行採購？資訊系統及叫貨訂貨系統的建立完成？平均一個月獲利多少？

先將上述基本問題釐清，不足的趕緊補上，將現有店家的情況進行通盤了解。若你都不了解自己的店，如何開放加盟？

第二問：你能提供什麼給加盟業主？

（一）開店評估報告：包括預估業績、預估損益、來客數、商圈優勢劣勢、工程預算等，在估算業績和獲利時，盡量保守一點，勿太樂觀。

（二）店鋪經營管理作業標準手冊：如何經營一家店的日常運作、每天、每週、每月做什麼事？誰來做？

（三）行銷策略：開店前、開店中、開店後，一套一套的行銷手法，如何創造名店和話題，切記加盟主只有一次機會，開幕即決戰，一次定生死。

（四）店鋪設計和設備採購：加盟主多數是外行人，沒有經驗，希望完全委託總部處理，你有配合的設計師和工班？裝潢標準？CIS手冊？店鋪裝潢作業規範手冊？每一坪標準預算是多少？

（五）人員教育訓練規劃：人員招募方式、面談表格、簡易人事制度規章、排班表，新人五天教育訓練手冊、人員訓練計畫，店長手冊。

（六）電腦資訊收銀系統：從收銀機收的資料如何分析？針對銷售預測、叫貨訂貨、庫存管理、產銷差異分析、防弊系統、顧客關係管理等大數據分析。

（七）商品採購作業：我們是從協助加盟業主的立場出發，不是壓迫，總部的優勢要能夠充分展現在價格和品質上，東西比別人便宜、品質更好。

如果總部賣的東西比別人貴或是品質更差，加盟業主造反有理。問問自己：你的採購系統能夠提供大家什麼？

（八）經營管理輔導：總部的經驗就像教練，指導球員如何打贏比賽。當加盟業主有問題有困惑時，總部的人員能夠解決加盟主的問題和困惑嗎？

第三問：加盟業主要什麼？

加盟主花了加盟金、權利金、裝潢設備費用，帶槍投靠你，圖的是什麼？無非是希望在大樹底下好乘涼，學習成功的經營模式，希望總部的招牌能夠帶來人潮、生意，能夠獲利賺錢。假若加盟業主發現他的需求不能滿足，合作不可能長久。你在拓展加盟系統時，你真的了解加盟業主要的是什麼嗎？你能夠滿足他們的需求嗎？

第四問：你要賺什麼錢？

我們開放加盟的目的，在於用成功經驗和品牌知名度，來換取適當合理的報酬，賺應該賺的錢。加盟金多是一次性收取，權利金有些是一次性，也有人每個月按營業額抽成百分之一到百分之五，也有每月固定金額的權利金。裝潢設備的退佣都是一次性收取，只有銷貨收入是每月收取。只要加盟業主每月持續營業，向總部進貨叫貨，對總部而言，這種收入是每天每週每月都有，也是總部生存最重要的命脈。

至於加盟金和權利金該收取多少，可以參考同業，也有一定的行情。裝潢設備的佣金，以一台冷凍商用冰箱為例，加盟主在市面上詢價一台五萬元，你的總部一次採購二十台，或是跟廠商議價成為四萬元，你賣給加盟業主五萬，這是合理。但如果你賣給加盟業主六萬，那就不合理了。加盟業主也不是笨蛋。總部要賺的是長久的、合理錢、現撈的錢。你要賺什麼錢，你想過了嗎？如果外面行情五萬元，你折扣賣給加盟業主四萬八，他會死心塌地地支持總部，你又現賺八千元，這才是雙贏的局面，有錢大家賺。

第五問：你有什麼控制的法寶？

我們和加盟業主希望長久合作，但是人一多，什麼事情都可能發生。萬一碰到一些不可理諭或是存心來亂的人，有時候必須採取一些必要的手段。這些手段可以備而不用，但是不能不事先準備。如果有一天加盟業主要造反、叛逃，或是不簽約盡其義務，請問你有什麼手段、什麼法寶來處理？加盟業主沒有你可以生存嗎？有些原物料掌控在總部手裡，沒有總部，加盟店做不出同樣口味的商品；資訊收銀系統被切斷，加盟店就沒有辦法營業；沒有總部的招牌知名度，加盟店能夠活下來嗎？你想開放加盟，你的最後手段，你最關鍵的法寶，是什麼？

第六問：一定要有中央廚房？

有必要開設中央廚房嗎？做餐飲連鎖加盟一定要有中央工廠嗎？不一定！看你的店本身操作技術的複雜程度，以及你想要控制什麼，並且必須看你的主力商品品項是什麼、你的核心技術是什麼。

以中式速食魯肉飯而言，核心技術當然是魯肉、肉燥，其次才是湯品、青菜、油豆腐，其他小菜不是。我們不能百分百控制所有品項，但是加盟店沒有招牌商品魯肉飯，肯定無法營業。青菜、小菜、油豆腐都不是主角，不是核心技術；再說中央廚房切了青菜分包送到門市，你想賺多少錢？加盟業主比你還會算，你每一公斤才加十元他都嫌貴，因為市場價格非常透明，你想一想，來回配送青菜的運輸成本和人力值得嗎？

飲料店業者有需要中央廚房嗎？以黑糖珍珠奶茶為例，黑糖珍珠奶茶的四大組合，黑糖、珍珠、鮮奶、茶，其中黑糖、珍珠、茶可以由中央工廠加工製造，但是鮮奶太普及了，隨便都買得到。要自己生產鮮奶不是不可以，只是划不來，投資金額太大且回收慢。珍珠、茶都可以委外製造，但是包裝必須冠上自己的品牌商標。等到你的店數多、需求量大，隨時可以拿回來自己做。

總歸一句，中央廚房是否一定要成立？不一定，看你的核心技術是什麼、哪些品項你想要控制不外放，以及你想要減化門市二次加工的複雜性到什麼程度。開一個中央廚房所花的錢不少，一旦設立就沒有回頭路，你只能一路向前。中央廚房一個月的租金、人事、水電費要多少？你夠了解嗎？

第七問：真的要開放加盟，你還欠什麼？

你要登月，那你得準備好太空梭，你的太空梭在哪裡？加盟合約書？出資價格表？加盟金權利金要收多少？如何招加盟店？加盟說明會如何開？誰負責加盟招商？加盟主會問什麼？開一家店要花多少錢？加盟資格？加盟流程？一大堆亂七八糟的問題，你準備好了嗎？你欠什麼你自己清楚嗎？你以前直營店的經驗能夠應付未來嗎？

欠資金補資金、欠人補人、欠手冊補手冊、欠合約書補合約書，不懂的去請教律師、會計師有加盟總部經驗的前輩，把你欠什麼列出清單，誰來做？何時完成？想一千次不如行動一次，沒有下定決心就不要輕易開放加盟，否則到頭一場空。

第八問：你的標竿和模仿的對象是誰？

在你的行業和業態中誰是領先者，誰是這個業界的標竿和模範生？向第一名學習、向成功的企業學習、學商品、學制度、學方法、學成功的經營模式，可以避免走冤枉路，浪費時間和金錢，你要做加盟連鎖，必須放開心胸大方學習。要做中式速食，可以向鬍鬚張學習；要做西式速食，向麥當勞、摩斯漢堡學習；要做中式餐廳，向鼎泰豐學習；要做咖啡廳向星巴克、路易莎學習；要做水餃鍋貼，向八方雲集和四海遊龍學習吧！

偷偷觀察、學習，不花一分錢，這些前輩先進用成功向你證明他們那一套是可行的，而且消費者喜歡。實際成果證明一切。學習第一名的對象，是站在巨人的肩膀上看天下，格局會更高更遠。

第九問：你的夢想是什麼？未來三年的計劃是什麼？

人有夢想，做起事來充滿熱情，散發出一種獨特的魅力，會吸引其他人欣賞、支持和跟隨，這種正能量是善的循環。

你的夢想是什麼？開一百家店、五百家店、一千家店？上市上櫃、海外佈點、年業績十億二十億五十億一百億？做到亞洲第一、世界第一？不論是餐飲業或是政治界，優秀的領導者都是夢想的製造者，他們都會勾劃未來、創造願景。把你的夢想寫下來，訴諸於文字，把每個月、每一年的細節、步驟、目標寫下來，逐一實現，這個就是計劃。計劃的存在就是為了實現夢想，夢想不一定能夠實現，只有計劃才能一步一步逐一實現。有了夢想，有了計劃、目標，要吸引人才、吸引資金、吸引投資者，都是水到渠成。

你是「想要做加盟」或是「一定要做加盟」，兩件事情差很多。想一個月、想一年，永遠都是在「想」的階段，要做就要做好、做到第一名、做成同業的領導者。想千次不如行動一次，人生最大的失敗不是跌倒，而是從來不敢去實現自己夢想！一個輸不起的人，永遠也贏不了。

致每一位勤奮努力的餐飲人：我們都有夢想，我們都有熱情，或許加盟系統是以小搏大、揚名立萬的一個起點。要做加盟連鎖事業是一份良心事業，你要問自己至少勝算要過七成才能做，否則害人害己。加盟事業或許不能事事盡如人意，但求無愧我心，店開得再多，存活率若是過低，到頭終究是一場空。

實策七

新型冠狀病毒的啟示

從二〇二〇年元月二十三日武漢宣佈封城開始，我一直注意這個新聞，心想會不會是二〇〇三年的SARS再起？原本台灣首例新冠狀病毒患者於二〇二〇年元月二十一日被確診，這位女士是由武漢返台的台商，那時候的我仍然掉以輕心，覺得只是個案，不必大驚小怪。一直到大年初三（元月二十七日）在超市、超商、藥局買不到口罩和酒精，才驚覺大事不妙。

截至二〇二〇年八月三十日，全球已有兩百二十個國家和地區累計確診個案超過一千八百萬人，確診死亡人數多達七十萬人以上，而且持續增加中。這場全球性的大瘟疫，可以說是百年罕見、也是全球面臨的最嚴峻的危機。目前有七十六個國家採取鎖國政策，以對抗新型冠狀病毒的擴散；也有些國家逐步解封中。我們以前高舉的全球化、無國界、國際區域合作、國際產業分工，在這場大瘟疫之下，全部被一棒打醒，不堪一擊。我們追求的高科技、大數據、人工智慧、工業四點零、自動化、無人化，面對這場疫情，卻連口罩、酒精、消毒水、呼吸器這些「低端」的產品都無法因應，讓所謂高端先進國家全面缺貨，大家爭搶——有時一味追求高端先進的技術，未必是國家之福。

民生基礎工業不可缺少。當你看不起這些低端、技術層次不高的產業，覺得其單價過低，沒有經營價值，一切仰賴進口與委外製造，等你想要人家不賣給你，想做卻發現缺料缺生產機器，一切只能乾瞪眼。在非常時期，有錢也買不到口罩、酒精、消毒水、呼吸器。

而台灣卻非常幸運，在非常時期能夠立刻動員起來，廠商們把關鍵原料留給台灣，生產機器的廠商不分你我，在三十天內組建六十條口罩生產線；酒商把釀酒的工廠改為專門生產酒精。大家一切「順時中」的政策指導，讓全台新型冠狀病毒確診人數與死亡人數控制得宜，成績讓全世界刮目相看，爭相報導台灣的防疫工作，以為全球防疫典範。

全球鎖國封城造成的影響

參考下頁這張圖，可看出因應疫情全球鎖國封城對抗病毒所造成各方面的影響結果。

造成結果

供應鏈——缺料、斷貨
停工備料、搶奪原料、零組件

需求大減——經濟停滯
不出門、不出國、停止交流

收入不穩——震盪起伏
投資保守、需求減少、情況不明、價格震盪不休

不安全感——恐慌、保守
減少消費、減少投資、搶糧、搶衛生紙

創造需求——興起新需求、新業態
不出門消費、宅經濟、醫療、
遊戲軟體，淘汰舊產業

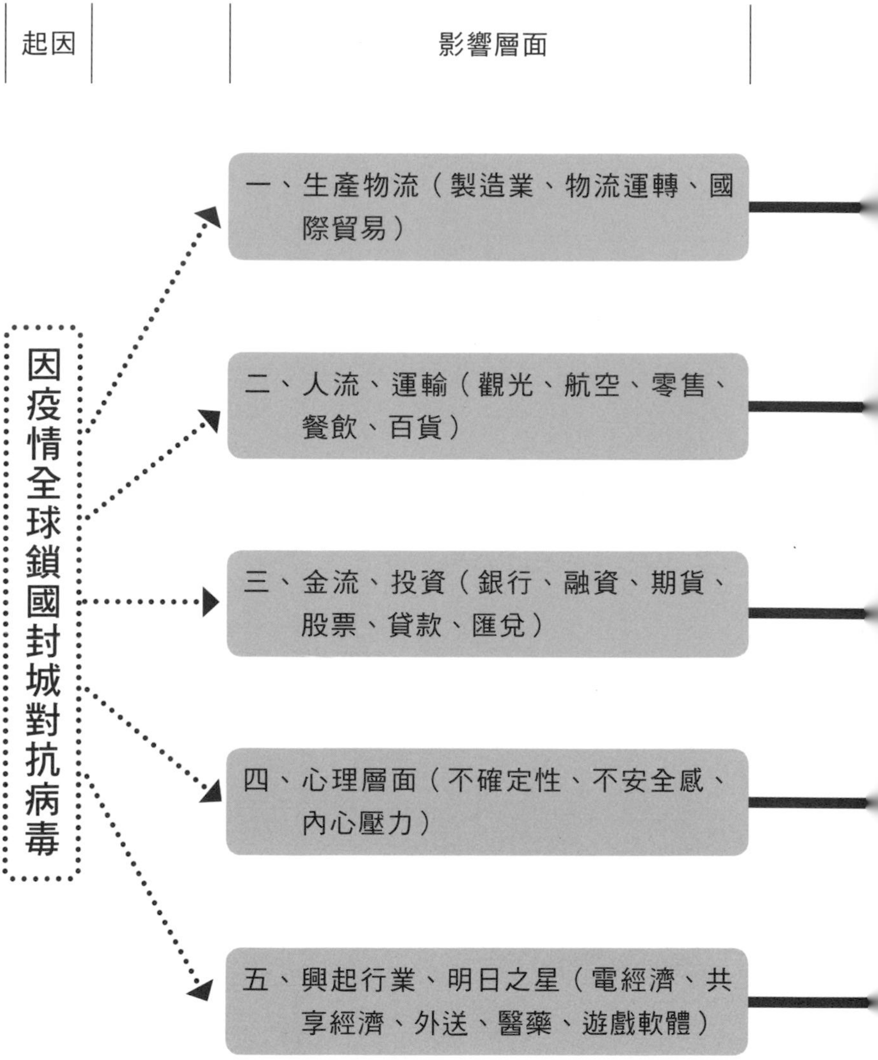
起因
影響層面
因疫情全球鎖國封城對抗病毒
一、生產物流（製造業、物流運轉、國際貿易）
二、人流、運輸（觀光、航空、零售、餐飲、百貨）
三、金流、投資（銀行、融資、期貨、股票、貸款、匯兌）
四、心理層面（不確定性、不安全感、內心壓力）
五、興起行業、明日之星（電經濟、共享經濟、外送、醫藥、遊戲軟體）

首先分析生產物流方面：因為鎖國封城，或許工廠可以繼續生產，但是封城封市使得工廠到機場、港口的運輸不暢通，貨物一樣卡關出不去。一旦供應鏈中斷，就會造成需求方的缺料斷料，甚至停工待料。依製造業的產業分工，有的地區研發、接單，有的地區生產組裝，或是有些零組件分散地區生產製造後再統一組裝。這樣的產業分工，被這一場疫情鎖國、封城，打亂了原有的步驟和順序。大家爭搶原料和關鍵的零組件，以完成如期交貨，避免延遲必須面臨違約賠款的糾紛。

對人流、運輸方面：面對需求大減，衝擊到的產業包括觀光業、航空業、運輸業、零售、百貨、餐飲等實體通路。經濟停滯，大家不出門、不出國、停止人員交流和移動，百業蕭條。以桃園國際機場為例，尚未爆發新型冠狀病毒之前，每日平均進出機場人數大約十萬人次，爆發後每日進出人數約一千人次，出入境人數整整減少了百分之九十九，航空公司、免稅店、周邊餐飲業、交通業叫苦連連，市區專門為國際旅客成立的飯店門可羅雀，餐飲店、百貨、零售大家都是咬緊牙關苦撐，盼望早日解禁。企業裁員、無薪假、減薪都是必要手段，口袋不夠深、應變不夠快的，成了第一波準備被淘汰的人。

對金流、投資之影響：營收不穩定，自然影響股票和期貨市場。價格起伏振盪，大家紛紛尋找避險工具，在疫情期間，國際原油價格期貨市場價格居然有負數的，真的跌破眼鏡。需求減少情況不明，投資就會傾向保守，金融流動相對減少，大家有更長的觀望期。除非產業和醫療、防疫物品、疫苗相關，一般民眾或法人可能會加碼，否則就是觀望再觀望。

對於心理層面的影響：在疫苗出現前，大家彷彿是在漫長的黑暗隧道中開車，見不到一絲光亮，不知盡頭在哪。就算疫苗研發出來了，效果又如何？每個人的內心都是極度的恐懼與不安全感，出門戴口罩，進門量體溫，用酒精消毒手，與人之間保持社交距離一點五公尺；今天又確診幾個，那一個國家疫情又失控，惶惶終回。有一點風吹草動，大家又開始搶糧、搶衛生紙，造成的結果就是不出門、不消費、不交流，待在家裡最安全，玩網路遊戲、看影片、在家煮飯。以往的消費模式改變，叫外送外賣、保留現金、減少投資，保值為主。想找人吃飯聚餐，大家避之唯恐不及；辦公室同事因體溫超過三十七度，大家嚇得半死，叫他回家去……種種行為都是因為內心恐懼和不安。至於會不會有「報復性消費」，大家拭目以待。就怕有些消費行為一旦成了習慣，就再也回不來了。

疫情下的明日之星

因為疫情，大家不出門、待在家裡，但人總是要吃喝玩樂，於是宅經濟、外送、外賣應聲而起，有些也形成新業態、新業種。時勢造英雄，有送菜到府，也有代購，一些免洗餐具廠商生意特別好。有些名店原先店門口排隊的人龍不見了，被迫做起外送外賣服務；五星級飯店也是一樣，為了生存，不僅做起外送外賣，還派出主廚到府服務。外送平台公司生意量暴增，實體通路店家慘兮兮。

一個疫情兩樣情，別人的危機就是自己的商機。線上教學、線上遊戲都在這一波崛起，口罩廠商和防疫相關產業股價一飛沖天，但航運、觀光、百貨、餐飲的春天和黎明何時到來？疫情早晚會過去，疫苗也一定會被研發出來對抗病毒，那麼下一波又會是什麼病毒來襲？

我們距離SARS病毒十七年之後爆發了新型冠狀病毒，下一波病毒來襲是十七年？十年？五年？三年？沒人知道，一切在冥冥之中自有安排。但下一波病毒一定會再來，而且更具傳染力、死亡率更高、更快、更猛，我們只能夠被動等待。百年一遇的疫情，可能變成十年一遇的疫情。

從歷史來看，大瘟疫之後，伴隨而來的是經濟蕭條、高失業率、糧食不足，最終導致戰爭。這是一連串的人類悲劇，這些悲劇是可以被阻止的，都在國家領導者的一念之間。希望領導者有更宏觀的看法，否則就像輪迴一再重演。人的貪婪與私心會蒙蔽人的理智，我們居廟堂之高則憂其民，處江湖之遠則憂其君，記取教訓，勿犯同樣的錯誤。

新冠肺炎對餐飲業的影響

新冠狀病毒於爆發以來，許多國家經濟活動陷入停滯和衰退，衝擊全球各國各區。IMF預估二〇二〇年全球經濟成長將轉為負百分之三，根據經濟部統計處，台灣零售業二〇二〇年三月份零售業營額年減百分之三點四，中國減少百分之十五點八，美國減少百分之四點四。相較之下台灣情況相對和緩，但台灣百貨業在二〇二〇年第一季營業額減少百分之八點八，為整年單季最大減幅；其他綜合商品零售業，因出入境旅客遽減重創免稅店業績，二〇二〇年第一季營業額減少百分之二十二點六，為歷年單季最大減幅。情況持續惡化中，除非重開國門、解除封鎖，否則恐怕難以扭轉。

至於超級市場及量販店，因國民內心不安，民生物資囤貨預期，以及防疫周邊相關商品熱銷，二〇二〇年第一季營業額分別大增為百分之二十點一及十三點七；餐飲業二〇二〇年三月份營業額年減百分之二十一，創歷年單月最大減幅，但電子購物及郵購業卻因疫情關係以及宅經濟興起發酵，帶動二〇二〇年第一季營業額，創歷年單季新高，成長百分之十六點五。

之於這波疫情，對於餐飲業老闆們，我有以下幾個觀察，大家可以參考：

第一：居安思危，天有不測風雲。今天生意好，不保證明天生意好，隨時警戒。這波疫情一來，許多名店、老店、米其林一星兩星的店，一樣歇業。尤其是聚會型的餐廳。畢竟人都不出門了，就算出門上餐廳，也必須遵守社交距離，這讓餐廳在安排客人席次時一定要「跳桌」，就算客滿大概也只剩下百分之五十的翻桌率。過了這次，下次疫情是什麼？自己要準備好，隨時應變、應戰。飛機要墜毀時，你的降落傘準備好了嗎？從現在開始停止抱怨，準備你的降落傘，一切都是為了生存。

第二：外賣、外送持續成長，要跟上變化。**這波疫情，已經明白告訴我們餐飲業：外賣、外送和外送平台不只是流行，而是趨勢**。從經濟部公佈的數據可以證明一切，在二〇二〇年第一季百業蕭條之下，唯二異軍突起的，只有超市量販店，和電商郵購業的宅經濟可以倖免於難。

外賣指的是不在店內食用的外帶行為，外送指由店家送到客戶指定的地方，外送平台如 Uber Eats、foodpanda 等純粹提供消費者和店家的媒合外送服務。以往外賣外送多發生於農曆年、中秋和端午等特殊節日，外賣以往佔餐廳的營業比不高，約在百分之十以下。然疫情讓許多人不願在店內用餐，許多業者為了生存，配合消費者需求，主動提供外賣外送，也可消化多餘人力。五星級飯店甚至做起便當、餐盒並附加外送，據說高峰期可佔百分之四十的業績。

至於外送平台業者，在這波疫情下，業績是最大的勝利者。你有商品，他有平台和配送員，時勢造英雄。平台的抽成從百分之十七到百分之三十都有，有的算趟次，有的算距離，只要消費者不想出門，就是他們上場的時候。而一般民眾也開始在家自己下廚，讓生鮮食材與熟食訂單都大幅上升。疫情是一個支點，一個催化劑，「宅在家」就是平台業績成長的原因。對於餐飲業而言，生存下去最重要，客人喜歡在店內吃、在家裡吃、在辦公室吃，只要想吃，在哪裡都可以。

第三：實體通路業績明顯下降。以往大型連鎖餐飲業和知名餐飲店，均以百貨公司、街邊三角窗或機場、捷運站周邊為展店優先選擇，當疫情來臨，鎖國封城的措施一旦展開，這些地點卻變一級重災區，人都不出門，店家怎麼會有生意？人潮何時回來？沒人有把握，許多餐飲業者也慢慢醒悟，與其花大筆錢裝潢，百貨公司最多給你兩年再加一年的合約，要抽成又要保底，加上行銷贊助費、工裝補助費，帳面算一下，辛苦經營一兩年，真的有賺錢嗎？不如分散風險，把資源投入外送、外賣，或外送平台。因此，這波疫情之後，百貨公司、機場、捷運、街邊店，勢必面臨一次大洗牌。在疫情的衝擊下，經營者的想法和觀念會改變，因為消費者的消費行為也在改變。

第四：消費者要的是安心、安全、衛生的環境和食材。這波疫情來臨，消費者不在乎知名度、價格和氣氛，他們最重視是自身和家人的安全。能夠在家吃就不出門，真的要出門用餐，他們更關心防疫措施和食材安全。如果能夠透過開放式廚房看到食材的調理過程，人員均配戴口罩，入門有量體溫，主動提供酒精消毒手部，用餐保持社交距離，併桌時有透明隔板……這些設置都能讓消費者心裡感到踏實安全，加上食材的來源可靠、環境清潔消毒得宜，這一切都是希望提供一個安心的用餐環境。在非常時期，安心、安全為第一要務，其他的都是其次。

第五：重新檢視自己的成本結構。**針對餐飲店三大成本：食材、人事、房租，食材成本一般佔業績比率百分之三十五以下，超過百分之四十就是警戒線，超過百分之五十的食材成本率，不但無利可圖，而且注定賠錢**。超過百分之三十五的食材成本率都值得檢視自己的菜單和成本結構。抓出暢銷前十名的菜單逐一檢討，賣得最好、客人最喜歡的是什麼？分析主力商品的食材成本結構，不要因為食材成本高就直接漲價，這樣太粗暴了，可以用變名、變種的方式提升附加價值，達成實質漲價。例如一杯三十五元的冰紅茶賣得很好，可以加入檸檬片和寒天，推出新商品「檸檬寒天紅茶」，增加的成本大概四元（檸檬片一元、寒天三元），售價可以從三十五元提升到五十元，客人也不認為你是漲價，一舉兩得。

另外，不要為了降低成本，把好的食材換成差的，這是自尋死路。這是餐飲業的低級錯誤，可是卻總是有人這麼做。客人不是笨蛋，你一換差的食材，最先發現的都是最忠誠的老顧客，他們一旦走了就永遠不會回頭。你可以用套餐的方式重新組合成新商品，也是可以降低食材成本；再加上一些優惠提高客單價，毛利額也能隨之提升，皆大歡喜。

人事成本能夠控制在業績百分之二十五以下就非常完美，一旦超過百分之三十五的警戒線就要檢討。當疫情來臨時，處理人事問題和組織調整內部阻力最小，員工多數都能體諒。

人事檢視重點有：一、內外場工作是否可以合併；二、正職和兼職人員的比例；三、勸退表現和生產力差的人員；四、商品重整之後生產力是否提升；五、每日、每週、每月的排班表，能否壓縮百分之十五的人力；六、開店時間和打烊的時間是否要調整。思考這六個方向，至於無薪假和資遣員工，則是最後的手段，需謹慎使用；用了一定會有後遺症，要做好心理準備。

食材成本與人事費用兩者，若能夠控在佔業績比率百分之六十五以下，你在餐飲經營管理上不會有太多的問題，體質上是健康的循環。一般而言，餐飲業房租租金佔比，體質好的店在百分之十以下，差一點的在百分之十五以下，如果佔業績佔比超過百分之二十的，幾乎無所可圖，除非定位是「廣告店」。當疫情來臨、面臨重大困境，可以向房東爭取降租，動之以情、說之以理；若是都不行，該撤就撤，該關就關，不要戀棧。

疫情是重大危機，處理得好，也會變成轉機。當你認真檢視你的食材、人事、房租成本，是一種自我診斷、自我反省的過程。面子放一邊，如何存活下來最重要。如果連麥當勞、星巴克都會撤店，其他的店關門也就沒有什麼好大驚小怪的了。但是必須盡人事才能聽天命，你必須盡了一切努力之後，才能用上終極方法。

第六：開發適合外帶、外送的商品。當宅經濟因著疫情崛起，許多餐飲業者為了生存和應變，紛紛推出外送餐、外帶餐和便當，但有幾個缺點不能不注意：

首先，因為匆促應戰的結果，價值感沒了。一份五百元的牛排、三百元的義大利麵，放在白色的餐盒上，感受不到價值和氣氛，和路邊隨便買的一樣。再者，有些商品真的不合適外帶，經過運送後東西擠成一團、湯汁四溢，溫度冷掉不好吃，麵條爛掉不好吃，冷凍食品沒有加熱說明等，這些都會造成用餐經驗的不愉快。

外送外賣也必須考慮客人需求。你的餐點份量如何、是否提供醬料或餐具，都要讓客人在點餐時就看得清楚，而不是讓消費者猜半天，送來之後才發現少這個少那個。包裝和餐具也要留意，一個日式外帶便當，要價三百八，用一般自助餐店使用的餐盒，你覺得合適嗎？你的商品冷掉不好吃，那你附上的餐具可否直接微波？如果是生食，你有提供簡易加工烹調的說明或標示嗎？

店家務必要從消費者的立場去思考。俗話說「得民心者得天下」，當大家都在搶這塊市場大餅，掌握消費者就是掌握市場，決定了誰可以生存。

第七：與餐飲相關的「另類宅經濟」。因為疫情，許多人減少外出，除了叫外賣外送之外，待在家的時間長了，自己下廚的機率也變多了。有人順此在網路直播販售海鮮，順便教你如何處理生鮮魚貨、如何烹調。也有人賣起烤箱、烘焙原料，教你在家自己做好吃的麵包、甜點。甚至有人幫你擬好菜單、備好食材、列好做法，讓你可以在家輕鬆煮出一日三餐；若是看不懂，也可以上網觀看實際教學。也有幫消費者代買、代購的跑腿族等等。這些都是疫情期間餐飲業另類的宅經濟。

因應新冠肺炎，餐飲業的內部應變

新冠肺炎爆發迄今，許多行業受創嚴重，餐飲業自然逃離不了這一波衝擊。體質差的經營不佳，首先出局，接著口袋不深、資金不足的，也等著被淘汰。有的同業放無薪假，甚至裁員資遣；有些店直接關門下課。如果政府不紓困，勢必會倒更多店。在疫苗研發出來之前，隨時都有第二波甚至第三波的疫情，防不勝防。各國國境不開放，持續鎖國不交流，經濟想要恢復正常是難上加難。我們不能一切聽天由命，或是單靠政府的補貼紓困方案，有些事情必須自己救自己，才能等到黎明的到來。

應變一：針對內部措施，成立應變指揮中心

由公司的核心人員組成，包括老闆，由最高層級的人來指揮。疫情發生時，訊息難免多且雜，真假謠言到處充斥，指揮中心要協調公司，採取一致

行動，快速應變所有問題，模擬所有的可能性及各種突發事件。掌控公司所有情況，包括現金、材料、人員，確認戰備物資、口罩、酒精、耳溫槍等。重點在於統一行動、快速反應。

應變二：人力編制和及時調整

由於營收雪崩式的下滑，有的人營收降三成，有的人降五成，可是房租、薪資一樣要支出。企業被迫採取一些措施，若能不裁員，就是最好的狀況；為了生存，減班、減薪都在所難免。若要減薪，切記，高階人員是第一波名單，可以高階人員減薪三成、中階一成半，基層人員一成；無薪假也是要由高階人員帶頭，基層員工能夠不動最好。若是六個月後恢復營業收入，立即恢復原薪，年度決算後有盈餘，公司可以適當補償，感謝所有夥伴。

應變三：安定人心，穩住陣腳

疫情之下，大家都人心惶惶，一有風吹草動就眾說紛紜。公司在宣佈任何措施之前，要多溝通、開座談會、關懷員工，說之以情、動之以理。疫情一定會過去，但是人心士氣一旦流失，就很難挽回。

應變四：保護公司、保護員工

公司存在是第一要務，為了避免有人感染新冠狀病毒，因為一但感染，台灣衛生福利部一定會要求所有接觸者，居家隔離或是居家檢疫至少十四天，再加上新聞媒體報導，公司大概都停擺了，教導員工正確防疫方法，避免群聚，維持社交距離，減少不必要的會議和訓練，用視訊來替代，如有接觸海外親友一定要報備，有任何不適情況，如發燒、感冒等情況不要來上班，保護好員工，其實也是保護好公司。

因應新冠肺炎，餐飲業的外部應變

第一：消費者要的是「安心、安全的環境」

價格其次，小命要緊。不出門是因為不放心，所以店家要向客人傳達的重點是安心與安全。消費者看得到的部分，必須確實執行，如現場人員全部戴口罩、進門量體溫、用酒精消毒手部、座位間隔至少一點五公尺、桌子加裝透明隔板。店門口的告示牌、海報、官網、臉書粉絲專頁、IG等，都是宣傳的好工具。製作過程若能讓客人看見就更放心，工作人員的衛生習慣一定要貫徹要求，洗手、戴手套、戴口罩，安全有疑慮的品項要立即停售；收拾桌面的過程客人都看得到，清潔消毒程序不可少。員工的每日體溫表放在明顯處，連外送人員入店也要測量體溫。

第二：外送有優惠

外送可以自己跑，也可以委託外送平台。既然大家都不出門，我們就主動送上門，由店內多餘的人力外送，可以讓員工有事情做，不需要額外多支付人事費用；外送平台則至少要抽百分之二十五以上。外送可以給一些優惠，如買一送一、買餐送飲料、買五送一等等，以套餐方式做外送商品可以提高客單價。

第三：外擺或是快閃

在這段疫情的高峰期，大家生意都不好，有的人坐困愁城，有的人努力想方法突圍。有些店家在店門口擺上自家商品，或是調理包、冷凍食品、熟食、餐盒等等，甚至擺上農產品、食材。也有人走出店外，以快閃店的方法，在辦公大樓或公司福委會販售相關商品，都是為了多賺一點錢，也讓員工有事情做。努力在困境中做出改變，都是令人感動的。

第四：直播或異業結盟

餐飲業有些前輩不在乎行銷和新媒體，覺得只要東西好吃，客人就會自動上門。但在這個競爭激烈的市場，主動行銷是必要的，疫情期間，有些餐飲經營者也做起直播主，一方面介紹自己的餐廳，另一方面配合食材供應商，大家結盟宣傳，有的教導大家做菜技巧，也有人直播販售肉品、海鮮等相關食材，或是熟食、冷凍食品。觀看直播的粉絲就是潛在客戶和有效客戶，有的直播觀看人數幾百人，有的可達上千人，一人買一份就是上千份，相當驚人。不要忽略年輕人，也不要忽視新媒體。

第五：創造話題

有些業者說「慶祝今天零確診，買一送一」，也有人推出「連續三天零確診，降價百分之三十」，或只要出示醫療人員的服務證，便免費招待飲料……這些都是在創造話題，吸引顧客上門。也有人創造出珍珠形狀像極新冠病毒在顯微鏡下模樣的「新冠珍珠奶茶」，好不好吃一回事，有趣好玩有話題才是重點。創造話題大家八仙過海，各憑本事。

因應新冠肺炎，餐飲業財務金流的應變

第一：嚴格管控成本和費用

非常時期，必須用非常做法，嚴格管控人事成本、食材成本和其他費用，切記「現金為主」，因為我們都不知道這一波疫情何時會結束。把現金留在身邊，交際費、廣告費、委外（如清掃）費用能省則省；盤點庫存，不需要的閒置機器設備有哪些？能否和食材供應商討論將月結天數延長，甚至降價？水費、電費、冷氣費都要省。不要不好意思，要活命就要想辦法。

第二：跟房東談降租或免房租

疫情的影響是全面性，此時和房東坐下來好好談，一定有結果。有的房東降百分之二十、三十，我聽過最多降到百分之五十的，也有房東答應三個月免房租。大家退一步，共創未來。若你已經是租了好幾年的房客，和房東有了一定的交情基礎，成功機率相對更高。

第三：政府的資源和紓困案要用

在非常時期，政府會立即推出一些補貼專案，如薪資補貼、業績補貼、訓練補貼等，該拿就拿，該用就用，包括水電費減免或退稅、延後繳稅等。對餐飲業而言，這些都是救命錢，撐不過的就是倒下去，活下來最重要。例如二〇二〇年七月份政府推的「三倍券振興方案」也是一個強心劑，能夠搭順風車的時候，做起來也比較沒有壓力。

疫情再大再猛，也有平息的一天，我們在這一場世紀疫情學到什麼？人是健忘的，一年後、三年後又有幾個人記得？一場疫情考驗政府，也考驗台灣各行各業，考驗台灣的醫療系統，更考驗人性。當你位居高處，你的朋友知道你是誰，當你陷入低谷時；你才知道你的朋友是誰。遇一事才能懂一人。或許人生不是填滿一桶水，而是點燃一把火，這把火的名字叫做希望，每一次的危機和轉機，都是並存的一體兩面；每一次大動盪、大洗牌，都有人倒下，也一定有人站起。這是歷史的定律，也是一個輪迴。

實策八

餐飲業生態不好，怎麼辦？

經常有人問我，我的店生意不好怎麼辦？我總是先反問：你的看法是什麼？你有什麼對策？經營這家店或這個事業的人是你，你自己最清楚，也最了解。只有自己救自己，面對它、接受它、反省它、處理它、放下它，才是解決之道。

如果你的店是開了一年以上，每個月生意都不好，你也努力過了，結果是地點的問題，那就關店撤店吧！但假若以前生意很好，最近生意變不好，那就值得省思：為什客人不來了？生意不好，是差在平日或是假日？白天或晚上？是來客數降或是客單價降？是服務不好或餐飲品質出了問題？一定要找出原因，否則無法徹底解決和根除。最直接的方法是去問客人，聽聽客人的看法，找出他們要什麼。

我最反對兩種做法：第一、生意不好就推給地點。跟房東契約打了五年，裝潢花了一大筆錢，就像孩子已經生下來了，能夠隨便放棄嗎？這樣推卸是非常不負責任的行為。第二、生意不好就想降價打折來吸引客人，作賤自己的商品又喚不回客人，最後是雙頭損失。如果只要降價、打折，生意就變好，誰來做都一樣。降價打折的手法，有時反而會讓你的店提前倒閉。

對於大型連鎖餐飲業或經驗豐富的開店老手，例如一年開店三十家，或每個月至少展店三到五家、有十年以上經驗的開發人員，開店成功率也只有百分之八十五左右，表示開一百家仍有十五家的失敗率。再厲害、再有經驗的人，一樣會有看走眼的時候。失敗是成功之母，撤店經驗當然慘痛，但也相當寶貴。

但如果你一年只開一家店，或一輩子只開一家店，你沒有資格說放棄。一旦放棄，你就什麼都沒有了。因為你的開店成功率是零。不要抱怨地點不好、景氣不好、都是新冠肺炎不好、員工不好，停止一切抱怨，抱怨解決不了問題。只有百分之百面對問題、了解問題，盡一切人事之後才能聽天命。自己的店自己救，只有行動才能改變命運。

餐飲經營三部曲

多年前我的餐飲前輩告訴我：經營事業或經營餐飲業都是「三部曲」，和開車上路是一樣的道理，而三部曲就是路況（市場和景氣）、車況（公司內部、人員和商品）、駕駛員（經營者或店長），這三部曲交錯而成的變數。當你的路況、車況、駕駛員三方良好，你可以要求駕駛員加速前進、減少干預，這種機運可遇不可求；當路況不好（市場和景氣差），車況和駕駛員都還可以，那就速度放慢、小心駕駛、調整車況；當路況、車況良好，生意不好時，問題有可能發生在駕駛員，處理方式就是換駕駛。當路況不好、車況不佳、駕駛員又不良，這種時候該考慮棄車了。先天不良，後天又失調，別戀棧，急流湧退吧！

所以當你的店或你的事業業績下滑、獲利衰退時，想一想這餐飲三部曲，或許對你有啟發。在經營餐飲業的實戰經驗中，當面臨困境和大環境不佳的情況下，有兩種類型的駕駛員，需特別注意「偏執」的狀況：

第一種類型是財務出身的駕駛員。他們一切以數字為主，當生意不好、獲利不佳時，往往先砍人事成本和控制食材成本。控制人事和食材成本不是壞事，但不能隨意下手。若是將有熱情和會做事的人處理掉，不計手段壓低食材成本，將優質的食材換成等級較低者，認為只要便宜就是好貨；或是砍訓練費用、研發費用、交際費、廣告費；或該維修、該保養的不處理，忽視現場和人性……短時間確實在數字上很有成效，長期而言卻是一場大災難。「短多長空」最後的結果是「車毀人亡」。數字很重要，但不代表一切。不要被短期的數字所蒙蔽。這種偏執造成的是永久性的傷害，會導致企業萬劫不復，不論換誰來當駕駛，都無力回天。

第二種類型是行銷創意出身的駕駛員。他們一切以行銷創意為前提，甚至是無厘頭的創意。當生意不好、獲利不佳時，他們非但不重視紮根、蹲馬步，還對其嗤之以鼻；他們重視的是包裝、行銷、宣傳、媒體，是創造話題、花大錢買廣告，想到什麼就做什麼……他們忽略了，再崇高的策略和戰術，都需要基本的戰鬥來達成，否則就是空談。創意行銷必須禁得起時間的考驗，否則業績來得快去得也快，不實際更不長久。

提升業績九大觀念

二〇一八年四月三十日，我在新北市三重開了一家麵包加飲料店的複合式商店，開幕前十四天才決定要販售飲料，店的左邊分隔六坪出來做黑糖珍珠奶茶，右邊二十一坪做麵包店，二樓、三樓空著。全棟月租二十萬，但僅使用到一樓，開幕前董事長問我，你的麵包店月業績訂多少？飲料店月業績目標設定多少？我心裡有點虛，因為飲料店的品項售價七天前才定案，而相距五十公尺的地方，五年前也曾經開過麵包店，他們結果是失敗的。

我當時回答麵包店月業績目標八萬元／天，飲料店月目標八百杯／天。他點了頭說：「目標保守一點比較好。」當月這家店營收約六百一十七萬元（麵包店四百一十九萬＋飲料店一百九十八萬），我自己也嚇了一跳。麵包店內場有七位師父，外場含店長有五位員工，剛開幕一個月內，七位師父從早到晚手沒停過，一停就缺貨，每個人汗水流不完，衣服都是濕的。外場人員光是補貨、夾麵包，手都快抽筋了。飲料店更離譜，只有六坪的大小，原先一天目標八百杯，結果每天近兩千杯。店內只有七項產品，一開店至少有五十個客人在排隊，多的時候甚至上百人。隊伍排到跨越五個店面，不只隔壁鄰居跑來抗議，還嚴重影響交通。警察上門開單、指揮交通，一點都不誇張。店內三個正職、四個兼職，每個人站下來都是一整天，連上廁所的時間都沒有，一停頓就是大塞車，現場做不完，外送單更是根本就不敢接。開店第五天就有人要加盟，也有人要爭取國外代理權，業績一天竟達到八萬元以上。

開店的蜜月期，漂亮的數字確實令人輕飄飄，沉醉在勝利的掌聲中。短短六十天便完成二十家直營店、四個國家的區域代接洽和簽約。人從自卑到自信進而自豪的境界，自以為很了不起，走路都有風。

三個月後，旗艦店的生意下降了百分之四十。我們也知道客人嚐鮮和蜜月期總有一天會過去，一切將從絢爛歸於平靜。只是沒有想到來客數幾乎是對折腰斬。有人建議買一送一，也有人建議打折降價，什麼聲音都有。

然而，客人要的是「價格」或是「價值」？買一送一、降價打折真的是萬靈丹嗎？生意不好、來客數下降，營業主管當然要負起最大的責任，自己回想自己所犯的錯誤——生意好時忽略顧客的需求和感受，人員訓練不足、顧客變成試驗品；只想快速展店，忽略人才培養；店務管理流程的標準化不足、商品品質不穩定……這些都是導致業績下滑的可能。

生意不好的時候，要如何提升業績呢？以下提供九個觀念：

觀念一：業績＝來客數╳客單價。

要提升餐飲店的業績方法只有兩種，一個就是提升來客數，另一個就是提高客單價。戲法人人會變，各有巧妙不同。你的方法應該要針對「來客數」或「客單價」，從店裡的收銀機（銷售時點情報系統，即POS系統）和後臺管理系統，可以統整店內的時段來客數、銷售排行榜、點購率、客單價、各商品的銷售佔比等等，仔細分析各項數據，和去年同期比、和上個月比，客人的年齡層、性別分布……清楚了解之後再來制定對策，效果事半功倍。

觀念二：不要生意變差就想降價打折、買一送一

客人要的是價值，不是價格。服務不好、東西難吃，再便宜也不會來第二次。站在老客人的角度來想，上一次來買的價格是一百元，今天只要五十元，那我之前不是笨蛋嗎？降價打折是一條不歸路，不是萬靈丹，有時反而是毒藥。作賤自己的商品價值，能夠喚回客人的心？如果降價打折能讓生意起死回生，就不會有這麼多店關門大吉。有時候降價打折更是加速餐飲店關門的主要原因！客人要的是什麼？削價競爭是傷敵一百、自損八十的焦土策略，就算你贏了，也只剩下半條命，苟延殘喘，根本活不久。

觀念三：採取守勢，生意不會變好

有些餐飲店的老闆因為生意不好便改採防守的方式，節省人力成本、食材成本，減少一切支出、管控一切費用，所有措施與提升業績、增加來客數無關，而是只想少虧損的消極做法。然而，少虧損還是虧損；沒有行動，店的命運不會改變。用同樣的人、同樣的商品、同樣的方法，答案都一樣；只有用不同的人、不同的商品、不同的方法，答案也許會改變。商戰如戰場，生意不好時，就像近身肉搏戰，若是兩手都拿盾牌，根本殺不死敵人。把盾牌丟掉，拿刀放手一搏，或許會有活命機會；都拿盾牌，遲早死路一條！

觀念四：如何增加來客數？

當生意不好時，大家首先想到的是增加來客數。客人有分新客人和老客人，但很多人往往近廟欺神，放著經常上門的老客人不管，想盡辦法找新客人，發DM、買廣告、找網紅配合……其實，老客人只要你多關心、多招呼，他們立刻變成忠誠的客人，但新客人卻不一定。

客人依入店頻率分三種類型：

A.重度使用客人：一週來店一次或兩次以上。
B.中度使用客人：一月來店一次或兩次以上。
C.輕度使用客人：一年來店一次或兩次左右。

找一位新客人，你要花十分的力氣；拉攏一位老客人，卻只要花三分的力氣。何者比較划算？如何讓輕度使用客人變成中度使用客人？又如何讓中度使用客人變重度使用客人？老客人是忠誠的建言者，也是店的守護神，更是老闆的第三隻眼睛。

觀念五：外送外賣是店家的延伸和擴張

二十年前，我在某家中式速食連鎖店擔任營業主管，轄下一家直營店在內湖，月營收大約兩百四十萬。新進的店長接手不到半年，成效卓越，比去年同期成長百分之二十以上，而當時直營店平均成長只有百分之三左右。

我們請教他提升營業的方法。他說，店內只有近五十個座位，中午尖峰客滿，周轉率兩翻，一個小時最多只能接一百個客人。但是外送和外賣沒有座位數的限制，客人家和辦公室的座位，都是我們賣場的延伸。只要我們能送多遠，那裡就是我們的客席。所有外送、外賣的工作，在中午十二點前完成，回到店裡準備迎接尖峰時間的客人到來。那時他一天可以外送近兩百個便當，每天至少增加一萬五千元的營業額。現在外送平台很多，只要合作條件談好，或許能夠讓你的生意殺出重圍，找到另一條成長的道路。

觀念六：爭取非正餐時段的來客數

傳統的餐飲業都是在正餐尖峰時段搶來客、搶生意。但一天只有午餐和晚餐兩個時段，下午時段客人寥寥可數；有些店家下午時段休息，或是早餐店到中午就打烊了，非常可惜。因為你的租金是付全時段，一毛也不會少。所以別忘了努力開發早餐、下午、宵夜這三大時段的營業來客數。如早餐店到中午以後缺的是正餐商品，像是炒麵、炒飯、排骨飯等等；自助餐店晚上九點就打烊，不妨以清粥小菜做宵夜時段，也是可以努力一搏。

觀念七：如何提升客單價

提升客單價必須有技巧，不是簡單的說漲就漲，真的要漲也要看時機，最好不要第一個帶頭漲，否則公部門和輿論壓力會令你吃不完兜著走。我的看法是：

第一、用變形、變種的方法改變商品，如魯肉飯一碗三十元，加上香菇就是香菇魯肉飯，可以賣三十五元；菠蘿麵包一個三十元，加上蔥和肉鬆改賣四十元。

第二、以套餐方式上菜，將漲價包入其中。

第三、改變包裝或是容量。

第四、加價購。只要消費就能加價購買某項商品。

這些都是提升客單價的方法。另外要特別注意老客人的意見，忠誠客人的意見是非常重要的。餐飲業的痛處就是每年上漲的物價和人工成本，漲價是不可避免之惡，但一定要有技巧地處理和面對。

觀念八：重新檢視你的招牌商品和定位

當生意不好時，大部分經營者難免內心焦慮，想要盡快提升業績。可能懷疑原本賣的東西不夠好、不夠多，無法滿足客人需求，結果原先只賣十項商品，一下子加了二十種商品。或是亂降價，或是又想節省食材成本，又想節省人事費用……什麼都想做，什麼都想賣，最後什麼都不專精。客人不知道要點什麼，員工也不知道該推薦什麼。

你的店到底在賣什麼？什麼是你的招牌商品、主力商品？有什麼地方可以再精進？用招牌商品來決戰，其他商品都是配角。重點策略要掌握好方向，什麼都賣就表示什麼東西都沒特色，賣再多東西也是枉然。重新思考：自己的定位是什麼？客人一進門要主推什麼？

觀念九：正確的外帶商品至少可以提升百分之十的業績

餐飲業除了內用之外，外帶外送的業績有些可以佔到高達百分之二十。但有些商品不需立即食用，可以常溫或冷凍保存，想吃的時候再吃。西式如咖啡豆、掛耳包、簡易手沖器具、適合與咖啡搭配的點心等；或速食冷凍食品，中式餐廳的沾醬、辣椒醬、XO醬、海鮮醬、乾拌麵，應景的肉粽、中秋月餅、年菜、臘味禮盒……只要人脈通路夠好，一個檔期上百萬或千萬都很正常。不要忽略這類商品的潛在力量，現在食品的加工技術非常發達，不論是常溫或冷凍，只要你有想法，食品加工技術大部分都可以處理，重點在於包裝和通路必須克服。

以上是當生意不好、業績下滑時，提升業績的九個觀念。生意不好，有主觀和客觀因素，我們針對我們能夠掌握的方向，做最大的努力和改變。客觀因素包括新冠病毒的影響，疫苗如不能研發成功、有效控制，外國遊客、商務客不來台灣，光靠政府各項振興方案和補助政策，仍然難以復甦。

餐飲業是以人為本的行業，品質和服務都需要靠「人」去執行和維持，光靠手冊和標準作業說明，仍然是缺乏人情味的作法。當生意不好時，多想一想人情味。尤其人情味隱藏在冰冷的數字和機器，雖然眼睛看不到，卻是真實的存在。或許這個世界變化太快了，我們錯過了學習、錯過了機會。餐飲業有許多例子非常殘酷。你今天的優勢與自豪，當潮流改變了，優勢一夜之間變成了包袱，甚至一文不值。當你還有時間的時候，必須自我損毀、自我改造，當被形勢逼迫改造時，你面臨的就是被併購或淘汰。我們的改變和應變，都是為了生存。

提升業績的實戰方法

實戰一：前一百名免費，宣傳造勢

兩年前，有一家開在新北市的飲料店，專售黑糖珍珠奶茶。他們開在其他地方時，最高一天可以銷售將近兩千杯，最差的店也有八百杯；但是新北這家，開幕近兩個月了，生意非常普通，一天平均銷售不到四百杯，跟其他家店落差太大了。

有人建議買一送一拚人氣，店家反對，因為這樣是賤價自己的商品。老闆想了一個兩全其美的方法：他們找了附近某所大學合作，連續七天憑該大學學生證、教職員證，每天前一百名免費贈送黑糖珍珠奶茶一杯。活動開始的當天早上，營業前半小時，門口排了近五十公尺的人龍，跨越了至少五個店面。附近鄰居嚇到了，管區警察、媒體都來了，盛況空前。算一算，一杯成本約十八元，每一天一百人次，成本一千八，七天費用一萬兩千六百元。花小錢卻能製造出驚人的效果，而且沒有賤賣自己的商品，可說是一舉兩得。

實戰二：套餐加購增業績

某連鎖速食店，平均一份套餐一百六十元到一百八十元之間。其推出一項季節商品「北海道可樂餅」，售價三十五元，成本八元，客人只要點購任何一項套餐，即可以十元加購。加購價一個賺兩元，看起來薄利多銷，別忘了，「數量」的累積才是重點。套餐加購率平均會有多少？假設一家店一天加購三十份，一天就增加三百元的業績，獲利才六十元。但這是「多出來的獲利」，客人不點，獲利就是零。這樣算下來，一家店一個月至少增加九千元業績，兩百七十家店，等於一個月增加兩百四十三萬的營業額，一年增加兩千九百一十六萬的營業額，增加的純利五百八十三萬元。一個十元的加購價，賺個兩元，看起來沒有什麼，但不知不覺中卻可以讓公司進帳三千萬，而且客人覺得很便宜，買得心甘情願。是客人、公司、供貨商三贏的策略。

實戰三：門口經濟加試吃

餐飲店的租金一向是我們沉重的負擔，租金幾乎是固定的，少數採浮動的抽成方式，不能遲交也不能少付，如何有效的利用空間，自是一大課題。

有的人租店只用了十六小時、八小時關門不營業；有人租了五十坪店面，只用了四十坪，其他地方當儲藏室、雜物間，這些都非常可惜。就算你關店五天，房租一樣要付。

「門口經濟」是充分運用店面的方式，可分成兩種類型。

第一：外用。將店門口或內部挪給他人使用，最常見是在人潮多或是交通轉運站，切出一小塊位置（有的小到只有一坪），是一種分租的概念。有的店門口設立ATM提款機，每個月收固定租金；或門口設立飲料櫃、花車服飾，都可以減輕租金壓力。

第二：自用。將店門口隔一塊位置，販賣其他商品。例如有的蛋糕店隔出一塊賣滷味，有的麵包店門口設咖啡吧、飲料吧。一天多五千元，一個月就多了十五萬，而且不用再付租金，多做多賺。有某麵包店將旗下十家店門口都切出大約一坪左右的位置做附設飲料吧，淡季一天業績六千元，旺季一天一萬五千元，平均一家店一個月可以增加三十萬元，十家店等於增加業績三百萬；再加上門口的試吃試喝，也可以招來不少的客人入店。

不要小看門口經濟，這些都是額外增加的業績和利潤。在店門口試吃，可以讓員工有事情做，又可以推廣業務、增加收入，值得一試。

實戰四：延長營業時間或提早開店

我有一個朋友在台北市的辦公商圈經營中式餐飲，主力商品是魯肉飯、雞肉飯，和小菜及湯品，平常只有經營午餐和晚餐兩個時段，其他的時段因人力問題不營業，一天平均業績大約兩萬元左右，租金八萬元。

他的兒子退伍回來在家幫忙，認為可以經營晚上九點到凌晨一點的宵夜時段，主力商品不變，但增加了一些清粥小菜，也調整了燈光和簡單佈置。我的朋友原本不看好，但宵夜時段生意從一天業績兩千元開始，到目前平均近八千元。換言之，一個月增加近二十五萬的營業收入。而且食材可以充分利用，又不用多付房租。多請一位兼職人員薪資大約三萬元左右，食材成本約百分之三十五，增加的水電費大約一萬元，粗算這樣延長營業時間，單一店獲利增加近十萬元。

延長營業時間或提前營業時間是否可行，取決於兩點：第一、該時段有生意可以做嗎？有客人嗎？第二、人事成本是最大支出，尤其是員工的薪資及加班費。划得來就做，不划算隨時可以喊停。為了生意好什麼方法都值得一試，不要嫌麻煩。

實戰五：辦競賽、發獎金、發獎品

七年前我從台灣調職到中國廈門，第一年在中秋節要推月餅禮盒，內部阻力很大，也有許多雜音，認為西式速食業不宜推出中秋月餅禮盒。這些人是用傳統的方式來看未來的發展，認為我的作法太前衛、太躁進。

我的月餅禮盒定價人民幣一百六十八元，算是中低檔次的價位。我找好代工廠之後立即推動。現有門市二十一家店，分佈上海、無錫、蘇州、福州、廈門等地，光坐飛機華東華南跑太浪費時間了，重點在於各地營業主管是否支持，有他們的支持，專案才會順利。我跟幾個營業主管商量，我個人出人民幣一千五百元當作獎金，他們出禮品包括高粱酒、面膜、禮盒、台灣烏龍茶禮盒，作為競賽獎品。我們分全區競賽和地區競賽，全區銷售第一名獎金人民幣一千元，第二名五百元；再加上分區第二、第三名都有獎品。中秋節前四十五天起，每天發戰報，每週檢討銷售成效；手機裡組了兩個微信群，誰接了大單，誰又推廣了多少，用以鼓勵、刺激大家。原本不看好的中秋餅禮盒專案，第一年售出三千八百盒以上，雖未達五千盒目標，但是店長的士氣和鬥志被激發出來。我親自頒獎感謝他們的支持，從這些年輕的營業主管、店長的臉上，我看到熱情的笑容。如果人不爭，一身輕鬆；凡事不比，一路暢通；凡事不求，一生平靜，但這樣子等於是一灘死水。利用競賽激起士氣、激起鬥志。人一旦求爭求比，就能激發出熱情，去完成自己的目標，不需要別人的鞭策和監督。

實戰六：選一個好店長，好好經營社區與老客人

十年前，我曾經在一家連鎖迴轉壽司擔任執行副總，當時有一位李姓女店長，讓我印象非常深刻。

我們體系內有一家店屬台北市郊的社區店，開店後業績和平均來客數一直未能達成目標。三個月後，我們換李小姐前去擔任店長。過了兩個月，業績較前任上升百分之十，每日來客數增加百分之五。一進店就發現員工比較有笑容，店長能夠認識一半的客人，不僅叫得出客人的名字，還能和進店的客人寒暄幾句。才兩個月時間，她跟客人打成一片；一些客人原本一個月來一次，變成一週來一或兩次；社區長者們也相約來店消費，有些人不能來，也會打電話到店要求外送。有的客人知道她未婚，還想幫她介紹對象。

找一個有魅力的店主管經營社區、經營老客人，至少可以提升百分之十的業績。店長把客人當朋友，客人也會把店長當朋友。這位店長販售的不是商品，而是信任，成交在於無形之中。這是相當高明的銷售技術。

實戰七：咖啡＋＿＿？

在台灣滿街都是咖啡店，有單店，有名店，也有連鎖店，連便利商店每一家都有賣咖啡，你的咖啡跟別人有什麼不一樣？特色在哪裡？在競爭激烈的咖啡店市場裡，沒有特色的店就是沒有方向，早晚會隨波逐流、消失在這廣大的競爭市場。賣咖啡，這個市場看起來很美好，但是也埋葬了許多有理想、有看法、有創意的人。

以下介紹三個在市場成功的案例，從這些成功的案例能夠得到啟發：

三大成功連鎖咖啡品牌策略分析圖

品牌	Cama café	85 度 C	露易莎咖啡
成立時間	2003 年	2005 年	2006 年
總店數	113 家 直營店：22 家 加盟店：91 家	450 家 直營店：28 家 加盟店：422 家	491 家 直營店：125 家 加盟店：366 家
店平均坪數	10-15 坪	40 坪	35 坪
經營特色	小坪數、咖啡專門店、現場烘焙咖啡豆、充滿咖啡香氣、主要消費者為外帶	提供咖啡兼飲料還有蛋糕和麵包，少有座位	平價咖啡和餐飲，有座位，店鋪氣氛像咖啡廳，有早餐，有輕食
咖啡售價	美式咖啡：45 元 拿鐵咖啡：65 元	美式咖啡：35 元 拿鐵咖啡：60 元	美式咖啡：45 元 拿鐵咖啡：65 元
展店方式	直營和加盟並進，偏向加盟店為主	直營和加盟並進，偏向加盟店為主	直營和加盟並進，偏向加盟店為主
2019 年營業額	約 7 億新台幣	約 231.7 億新台幣	約 40 億新台幣
加盟金含裝潢費用	約 250 萬 ~300 萬	約 300 萬 ~450 萬	約 250 萬 ~350 萬

如圖所示，Cama Café、85℃、路易莎咖啡，都是非常成功的咖啡連鎖店；多那之、伯朗咖啡、丹堤咖啡、西雅圖咖啡，也是各有各的特色和支持者，都是很好的咖啡店系統和業者。

但是店數破百店以上，在台灣就是以圖示這三家業者為主。這麼多的咖啡店，這麼多的品牌，來自於消費人口數的增加。根據關務署資料顯示，二〇一八年，台灣全年咖啡進口量為三百五十八公噸，每年都是正成長，相當全台灣每一個人一年平均喝了一百五十二杯咖啡，數字非常驚人，而且每年增加。也因此，不少人看好整個台灣咖啡市場，有些人從烘培業或其他產業跨入咖啡產業，也有不少的咖啡進口商或咖啡烘培製造商，從製造批發跨入實體店面，直接面對消費者，夾著技術、製造與價格優勢，進軍咖啡店市場。

當大家都會泡咖啡、煮咖啡，便利商店也買得到，你的咖啡和別人的咖啡有什麼不同？在前面的章節裡，我提出了「咖啡＋＿＿？」的概念。以下以路易莎咖啡、85℃和 Cama Café 三家為例：

咖啡＋平價＋專業＋外帶為主——Cama Café

咖啡＋平價＋蛋糕＋麵包為主——85℃

咖啡＋平價＋早餐＋簡餐＋咖啡店氣氛——路易莎

「咖啡＋＿＿？」你想到什麼？想通了，就是一個咖啡的新業態、新物種。同樣賣咖啡，Cama Café是咖啡專門店，85℃是咖啡烘焙店，路易莎則是咖啡店和西式連鎖店的綜合體，各有各的特色。如果你是販售茶類飲品，那「茶＋＿＿？」加號後面可以是商品，也可以是一種服務模式。這是一種創新，唯有創新才能自我提升，阻絕同業競爭、提升業績、提升獲利。如果沒有特色、沒有區隔，就是拚價格的殺價競爭，把市場做爛再重新洗牌，這是一種惡性循環，只有家底和口袋深的業者才能存活。

真心喜歡從事咖啡產業的朋友，不妨想一想「咖啡＋＿＿？」也許會產生令你意想不到的結果。想出來的，都將是你的創新。走別人走過的路雖然安全，但你畢竟是跟隨者，永遠只能跟隨在第一名的後面，唯有超越，才有出頭的一天。生意不好時，檢視一下你自己本身的商業模式是否正確，這是一種自我反省和驗證的過程。向成功學習、向標竿學習。

最後要提醒大家的是，今後餐飲業最大的敵人不是同業、不是自己，是便利商店。這是一場不公平的競爭，因為他們太方便了，幾乎無孔不入，既可以販售熟食與餐飲，還設有座位，更有成本和規模的優勢。這個超級怪物對餐飲業是大小通吃，我們在他們的面前卻是如此的渺小和脆弱，不堪一擊。身處餐飲業中的你我，千萬不可掉以輕心。

實策九

餐飲業連鎖加盟的美麗與哀愁

只要有空，我都一定會去看看台灣每年的連鎖加盟大展，湊個熱鬧，也趁機在會場上和老朋友寒暄。加盟展愈辦愈大，也愈來愈熱鬧，Show Girl滿場走動，手上的文宣品和傳單一個袋子都擠不下，光試吃試喝都飽了。許多加盟總部也使出渾身解術，大聲疾呼最後加盟機會；也有人喊出免加盟金、免權利金，或是老闆佛心送設備等等。有些總部和加盟主的應對話術，充斥著「低門檻、輕鬆獲利、回收快、保證毛利」等關鍵字，這些充滿自信的總部招攬業務人員，無不告訴加盟主：動作要快，這個區域有人要開店，如果你真的想加盟，現在馬上刷卡付訂金，我幫你保留……現場恭喜簽約下訂聲此起彼落，彷彿來到預售屋的銷售中心或直銷大會場。

台灣真的不景氣嗎？台灣真的是創業的天堂？台灣餐飲連鎖加盟真的那麼好賺？如果真的那麼好賺、門檻低、回收快，那總部自己開直營店就好，有錢自己賺，幹嘛和別人分享？門檻低表示愈沒有技術含量，很容易被模仿；阿貓阿狗都會，幹嘛還加盟？免權利金，到最後還是羊毛出在羊身上。開一家店，便宜的一佰多萬，貴一點的三百多萬。十分鐘內就簽約下訂，連正式的加盟合約書都沒有看，這種豪氣、勇氣、霸氣，令人佩服至極。

也有的加盟總部始終堅持原則，他們很挑人，一步一腳印，沒有浮誇、沒有排場，時間和各地獲利的加盟店，都是他們的見證人。他們爭的是千秋，不是一時。加盟總部最大的罪惡就是讓加盟主不賺錢，浪費社會資源，製造社會問題；加盟主的最大罪惡就是不好好經營自己的店，只想輕鬆賺錢當老闆，拿家裡的錢來賭一把。希望大家都不要有罪惡，努力向前，盡好自己的本分。

連鎖加盟的本質

到底連鎖加盟的本質是什麼？是行銷包裝？是文創精神？是中央與地方？是剝削榨取？類似男女的婚姻關係？

連鎖加盟比較像是「新合作夥伴共享經濟關係」。加盟總部像是釣魚高手，他知道哪邊有魚、用什麼魚餌釣、在哪個位置、何時釣；加盟主則是釣魚新手，什麼都不太懂。雙方約定老手教新手如何釣魚，新手釣上來的魚百分之七十歸自己、百分之三十歸老手。大家依約而行，老手帶得愈好，新手釣得愈多；新手釣得愈多，老手分得也愈多。這才是連鎖加盟的本質。

如果沒有共享，只有單獨圖利一方，這樣的合作關係不會長久。如果沒有互利共享的本質，這不是連鎖加盟，而是賭局。十賭九輸，還會害人傾家蕩產，製造社會問題。

對於連鎖加盟總部而言，連鎖加盟是一個良心事業，關鍵就在老闆的一念之間。不論你從事這個行業多久，莫忘初心。不要違背本質，切記餐飲連鎖加盟的江山是誰打下來的？是加盟店主一刀一鎗替你拚回來的，不是老闆、不是業務，更不是總部人員。加盟主不是奴隸也不是工具，他們是打天下的伙伴，是堅強的盟友。而當加盟總部盡了最大的誠意，建構了一個良善的系統和制度，加盟主也必須善盡自己的義務，好好經營自己的店，把業績做出來。

多年來我曾從事過三種不同餐飲業態的連鎖加盟體系，有中式速食、麵包烘焙、飲料店。從加盟管理制度海外佈點策略、加盟流程標準作業、加盟合約、加盟輔導、加盟店的審核招募，都親身參與實際經營。也曾經在會議上和加盟店主拍桌叫罵，也曾經因加盟主心情不好與其徹夜長談；還被加盟主當面恐嚇威脅、電話騷擾……令人意想不到的情況許許多多，其中的辛酸只有自己了解，不足為外人道。

這些都不算什麼。我最害怕的是「三寶加盟主。」哪三寶？媽寶、賴寶、黑寶。

第一：媽寶。凡事出了問題，什麼都只會找媽媽。二十八歲的加盟主是加盟合約的簽約人，出了問題卻一切推給媽媽——我不知道、錢是我媽媽出的、我不能決定，要問我媽……這種被溺愛成性的媽寶合作起來非常痛苦，他們喜歡抱怨，抱怨總部服務不好、商品不好、成本高，生意不好，怪東怪西，自己完全沒有責任。抱怨是毒藥，不能解決問題，只會降低了自己的身價，也摧毀自己創業的意志和熱情。

第二：賴寶，就是喜歡賴皮、說話不算話、出爾反爾的加盟主。今天答應配合總部的行銷活動，明天就後悔了，該付的加盟金、權利金、服務費、貨款，能拖就拖、能賴就賴。只要求權利、不盡義務，就算有白紙黑字簽名一樣要賴，加盟總部人員只能疲於奔命、天天接招。對付這種加盟主，只能依法處理，別無他法。

第三：黑寶，有黑道背景的加盟主。其實真正的黑道大哥加盟主，做人很客氣也很重信用，一諾千金，口頭承諾就是答應了，不會賴皮。這些人很好相處，只要真誠以待，一切OK。

最怕的是「偽黑寶」，明明不是卻要裝黑道，動不動要砍要殺，滿嘴三字經，身上刺青全都露，沒見過世面的總部人員或許會被震懾到，但時間一久總是會穿幫。

其實這種偽黑寶也很值得同情，因為他們對自己沒有信心，只能靠虛張聲勢來膨脹自己，希望得到別人的敬畏，卻往往適得其反。我們是要來拚事業，不是來耍流氓的。與其花這麼多心思來演戲，不如多花一點時間在自己的店裡，想辦法提升業績比較實在。

沒有一個餐飲連鎖加盟總部一成立就要存心欺騙，也沒有一個加盟主一開始加入就存心來搗亂。雙方都是充滿善意的互助結合。餐飲連鎖加盟總部因為缺資金、缺人力、缺店面，才要向外推展加盟體系，否則自己開直營店就好；加盟主因為缺成功經驗、缺知名度、缺技術，大家才會走在一起，各取所需、互相依賴。

一個成功的連鎖加盟品牌得來不易，要摧毀卻是一夕之間。一個食安問題、一個大環境的危機，都可能使一個連鎖帝國崩解。一旦崩解，誰都沒有好處。大家既然在同一條船上，是利益共同體，沒有理由互相傷害。但是許多加盟連鎖糾紛，卻活生生地一再上演，動輒召開新聞媒體記者會，控訴對方種種，甚至對簿公堂。一旦加盟糾紛在新聞媒體曝光，等於魚死網破，沒有人是贏家。

連鎖加盟的本質是什麼？再說一次，是「新合作伙伴共享經濟關係」。共榮、共利、共享，無論你是加盟總部或加盟店主，在你困惑、迷惘時，想一想餐飲連鎖加盟的本質是什麼？你就知道你為何而戰，為誰而戰。

餐飲連鎖加盟的風險

所有的投資都有風險，不論從事什麼行業，天下沒有穩賺不賠的行業。如果有加盟總部說保證獲利、保證毛利、保證收入，聽聽就好。保證愈多，失望也愈多。

有些人認為餐飲業的門檻低，投資金額不大，加盟總部有知名度，有經驗、有技術，跟著加盟總部的腳步走，投資風險應該低很多。可是事情往往出人意料，加盟創業失敗、背上一屁股債的案例也不少。

以下談談有關餐飲連鎖加盟的風險，加入之前一定要了解，否則就是糊裡糊塗地加入，又糊裡糊塗地出局。

餐飲連鎖加盟風險，主要來自三個部分：加盟總部本身的風險、加盟主本身、不可控的外部風險。

加盟總部本身的風險

這部分首先要看的，是連鎖加盟總部老闆本身的價值觀和為人處事態度。如果加盟總部的老闆心術不正、存心欺騙，其他條件再好都是枉然。**所以當你要加盟時，要先了解加盟總部老闆是一個什麼樣的人**。他的價值觀？做人做事的態度是什麼?業界風評如何?現在資訊和網路如此發達,凡走過必留下痕跡,想要掩蓋不太可能。有什麼樣的老闆,就有什麼樣的幹部;有什麼樣的幹部,就有什麼樣的員工。物以類聚,磁場相近的人自然互相吸引,加盟前,總部老闆的底細背景,必須多方打聽。不問、不查、不管,結果就是幾百萬的加盟金、權利金、裝潢費用變成學費。

老闆的胸懷也關係到事業未來發展的藍圖,事業的願景都是由老闆決定,也在老闆的一念之間。老闆的價值觀與為人處事的態度,決定企業發展和高度。在我多年的餐飲連鎖經營生涯裡,親身跟隨兩位連鎖加盟老闆,看見他們為人處事的風格和氣度值得學習的地方。第一位是鬍鬚張魯肉飯的張永昌董事長,第二位是藍海國際餐飲的許湘鋐董事長,他們都是善良、熱情、有想法的人,有正確的價值觀,能夠整合內外,指引公司未來發展的方向,給公司帶來力量。面對一些不理性的加盟店主,寧願自己吃虧;當加盟店有困難時全力相助,真心相待。我們看在眼裡,點滴在心頭。

第二要看總部的團隊實力是否堅強。加盟店主一旦簽約之後,從店鋪的選擇、店鋪的設計、開幕造勢活動、店鋪商品的決定、人員的招募、任用、訓練、考核，人事制度規章、叫貨、訂貨、行銷活動手冊、店鋪日、週、月的管理制度、財務報表，都必須依賴連鎖加盟總部的輔導。但如果連鎖加盟總部是匆促成軍，本身內部的**標準化**尚未完成，工作分工尚未明確，或是本身專業性不足，對於加盟店就是一場惡夢，成為實驗的白老鼠。問總部事情一問三不知、不知道誰負責、要資料要手冊缺東缺西，這就是警訊。或是只開了一、兩家店，就以開放加盟為主，本身就缺乏經驗。不是總部有意不提供協助，是因為沒有經驗，所以幫不上忙；甚至有一些連鎖加盟總部自己也是外行。如果連鎖加盟總部人員，經驗不足、能力不足、專業能力不足，那你就自己自求多福，不要奢望總部。這也是加盟的風險和代價之一。

第三，知名度不是業績和利潤的等號。知名度高的名店，如果沒有時間的考驗，可能只是曇花一現。流行的產物很可能隨後就被更新奇的店替代。有些高知名度，是利用網路和媒體炒作出來的人氣、討論、分享、轉發，以及網紅的加持。網路世代，知名度是可以用人為方式累積而成的，與一般傳統餐飲業的高知名度由單店、名店、多店、連鎖加盟所形成的方式不同。

高知名度不等於能夠吸引客人上門，客人上門了，也只消費一次。如果客人沒有再次上門，加盟店的生意會好嗎？創造話題、炒作話題，知名度必然提高，但並不代表就有品牌與消費者的認同，一切都是虛有其表。當你要加盟，你清楚加盟總部所擁有的是一時的「知名度」，或是真正的「品牌」？

第四則是看加盟總部商品來源和品質把關。當加盟業主選擇加盟總部，成為旗下一家加盟店，依目前市場原則，採購全控制在加盟總部這一邊，加盟店依合約精神和規範必須百分之百配合。為了一致性和口味及食品安全，如果加盟總部在食材食品來源沒有嚴格把關或確認產地來源，就像是一顆不定時炸彈。有些餐飲連鎖加盟總部設有中央工廠，百分之八十主力商品自己製造生產，百分之二十商品向外採購。或許百分之八十可以自己掌控，但食材的來源依舊是一個變數；而另外一個變數就是委外採購生產的商品。

一分錢一分貨，有時連鎖加盟總部為了成本的因素，變成價格第一、品質第二，於是發生魚目混珠的新聞事件，例如有些飲料連鎖加盟總部以越南茶謊稱台灣茶，或是拿中國水產品謊稱來自日本⋯⋯食物來源不明、以次等混高等之類情事層出不窮，一再考驗人性。加盟店跟著總部走，一旦有食安和品質上的顧慮，對整個體系都是滅頂之災。

第五要看連鎖加盟總部資金調度的風險。一般而言，台灣的餐飲連鎖加盟總部，資金都不是很寬裕。原本自己的連鎖加盟品牌經營得很好、口碑也不差，但是為了應付日益擴張的店數，總部人員編制與廣告行銷費用都增加，要成立中央工廠，要通過 HACCP 和 ISO 的認證，要成立物流配送車隊，甚至裝修辦公室⋯⋯樣樣要花錢，一個資金缺口，就有可能把辛苦十年的基業毀於一旦。

加盟主本身的風險

加盟主本身最可能發生的風險是誤判情勢，因之後悔。原先以為加盟很簡單，門檻低、很輕鬆；結果意外辛苦，沒有假日、沒有家庭生活，很多事情加盟總部根本幫不上忙——生意好、沒人手，自己想辦法；貨不夠，自己去協調……這種生活才過幾個月就後悔了，但加盟店合約期限還有四年八個月，日子要怎麼過？加盟業主自己的風險，自己要承擔，加盟前太天真、沒有想清楚，最後只能認賠，或是懷念過去做上班族的快樂日子。

加盟主第二個風險是股東和家族的紛爭。一個連鎖加盟合約簽下來，從權利金、加盟金、服務費、店鋪裝潢和機器設備，少則一、兩百萬，動輒三、四百萬。一般年輕人手上沒有太多資金，有些是向親戚朋友借，或是三五好友合資成立一個新公司，或是由一個代表人來簽訂連鎖加盟合約。合夥意見多，糾紛也多。加盟店生意好時意見多，生意不好時雜音更多。這種加盟主本身的風險經常被忽視，但卻一再上演，夫妻失和、好友對簿公堂，也不是什麼新鮮事。別忘了，「加盟是一時，做人是一輩子」，能夠獨資盡量獨資，合夥生意最是考驗人心和人性。

第三則是加盟主本身財務資金調度問題。在簽訂連鎖加盟合約時，基本上都會事先告知開店前中後需準備多少資金，從簽約、選定位置、店鋪裝潢、機器設備採購、加盟金、權利金等，這是一個概略的數字，萬一發生變動，如裝潢的面積較大、機器設備採購擴大等，金額自然有所浮動。加盟主自己也要準備一些營運周轉金或零用金。

另外有一些變數是店鋪的租金和押金。有些房東要求的條件比較高，或是要求其他保證金，或是要求一次支付半年的房租，如果加盟業主只準備剛好的資金，就無法應變這些突發的情況。

加盟業主很容易因為每日的營收是現金，就以為這些錢就是自己賺的，這是非常錯誤且危險的觀念。每日營收尚未扣除貨款、租金、員工薪水、水電費等，扣剩下的才是可運用的獲利與資金。有的加盟店主把錢拿去投資、買車、買房，最後造成自己資金周轉不靈，付不出貨款、薪資，進而爆出糾紛，這都是加盟店主自己本身的風險。

不可控的外部風險

連鎖加盟總部或加盟店不能控制、非內部人為力量所能操控或干預的風險，稱之為外部風險。外部風險主要有三：競爭風險、政治風險、食安風險。

第一：**競爭風險**。當你歷經千辛萬苦，在好的地段開了一家飲料店，也配合連鎖加盟總部所有的要求和規範，經歷了開幕試賣的陣痛期，店內事務逐漸上了軌道，平均一天的銷售杯數都有五百杯以上，尖峰時段店門口仍然有人在排隊，你心裡就有一些小確幸，一切可以說是苦盡甘來。

但好景不常，在你店隔不到二十公尺的地方，開了其他品牌的飲料店；再隔一個月，對面連續開了兩家其他品牌的飲料店。短短不到五個月，這條馬路上兩百公尺的範圍，一共開了四家手搖飲料店。你的業績從原先一天五百杯，掉到兩百五十杯。大家為了拚業績，開始拚價格，又是第二杯半價，又是買一送一、週年慶、週週慶……消費者目不暇給、眼花撩亂，大家殺成一團。

當然你所加盟的品牌也會希望盡力幫你打贏其他品牌，必定傾全力提升資源給你。畢竟在這個競爭如此激烈的商圈，你若能打贏其他品牌、殺出重圍，對於總部而言你就是英雄，是所有加盟店的規範和榜樣，更是總部日後宣傳的重點。

這種外部競爭是不可控的風險，但在整個台灣餐飲連鎖加盟市場「一窩蜂」和「抄襲」的傳統下很難避免，也防不勝防，只能正面迎戰。

第二則是**政治風險**。政治問題是令人十分厭惡和痛恨的問題。有人說政治既黑又髒，處理不當就變成敵我矛盾和階級對立，如果再加上民族主義的意識，就成了更難解的議題。政治問題會嚴重干擾商業模式，是立場和態度的問題，如果過度輕忽，或是立場選擇錯誤，走錯一步就會致命。不管品牌多強大，在政治之下，依然必須卑躬屈膝、俯首稱臣。這是現實。

若你是一個「個人」，你當然可以有自己的政治立場或主張；可是當你是連鎖加盟總部時，你就不可以這麼做，因為你不能代表所有股東和加盟店業主。加盟店也一樣，你不能夠代表總部和其他加盟店主的政治立場或政治主張。以下舉例說明：

實例一：從台中豐原起家的連鎖飲料品牌一芳水果茶，成立於二〇一六年，目前全球約有一千五百家門市，橫跨十五個國家和地區。一芳主打的水果茶非常有特色，新鮮、自然，客人口碑良好，在競爭激烈的手搖飲市場佔有一席之地，兩岸三地都培養出許多忠誠的顧客。

二〇一八年八月五日，香港發起反送中政治的罷行、罷市、罷課運動，一芳水果茶香港某加盟店於店門口張貼「與香港人同行」的店休響應說明，一芳水果茶（上海墨印餐飲管理有限公司）於官方微博上發表「堅決維護一國兩制，堅決反對暴力罷工！」之說明；另得知總部逕行宣布將與該香港加盟店解除加盟合約。經台灣媒體報導，台灣消費者開始發起抵制拒喝一芳水果茶，台灣的加盟店亦向媒體投訴，不認同總公司的政治主張，甚至要退出加盟體系。台灣一芳業績衰落至少三成，也陸續關了近三十家分店。

這個活生生的例子告訴我們，當你加盟一個品牌，你就必須了解自己要承擔政治風險。政治沒有對和錯，只有選擇，順了姑意就逆了嫂意。這種複雜的領域，需要更聰明、更有智慧的方式才能處理。

實例二：曾經是台灣之光的明星麵包師傅吳寶春，出身貧困、力爭上游，一度感動許多台灣人，產品也深受消費者喜愛。二〇一八年十二月十日，吳寶春在中國上海分店，試賣期間遭部分中國網友貼上「台獨麵包」封號，吳則於當日發表正式聲明，表示「身為中國人，是我的驕傲，『兩岸一家親』是我堅持不變的態度。」並強調支持九二共識等。其聲明和言論掀起很大爭議，引發台灣網友的不滿和憤怒，湧進官網和臉書粉絲團，揚言拒買、呼籲抵制。

這個例子同樣警惕我們，潮起潮落都在一瞬間。政治風險一旦沾上，不死也半條命。主事者或許人在屋簷下不得不低頭，但既然決定了，也就必須承擔。

第三是近年最受人注意的**食安風險**。我相信沒有一個餐飲連鎖加盟總部是存心欺騙、欺負加盟店主，也不會拿明知可能存有食品安全疑慮的東西來加工製造販售。但在台灣，食安問題就像不定時炸彈，一段時間就會爆一顆，令人疲於奔命。

例如二〇一一年五月爆發的塑化劑汙染食品事件，想必大家記憶猶新。但一開始大家根本不清楚什麼是塑化劑，後來才知道，部分上游食品原料製造商，將合法食品添加物「起雲劑」換成廉價的工業塑化劑，進而影響了整個台灣的飲料業、烘焙麵包業。那時餐飲業、烘焙業人人自危，也重擊了台灣的相關產業。二〇一三年的毒醬油、毒澱粉事件，二〇一四年的餿水油、劣質油事件，強冠公司被人檢舉收購餿水油製作黑心油，頂新味全則用強冠公司的問題油出廠的「全統香豬油」製作肉醬、肉酥等十二款商品，以及從越南進口飼料油做豬油使用……相關人士也許都付出了代價，但最倒霉的還是無辜受牽連的餐飲業和食品業，那些不小心誤用的店家，辛辛苦苦所建立的名聲和品牌形象，一夕之間都被摧毀了。

當時我人在中國工作，許多中國的朋友嘲笑說：「你們台灣人也是吃地溝油啊！」或許說者無意聽者有心，但也真是丟臉丟到對岸去了。偏偏人家說的是事實，我只能說少數人的行為不代表所有台灣人。想想，為了多賺一點錢，出賣自己的良心和靈魂，去毒害無辜的人，這樣子值得嗎？

我們都清楚投資必有風險。當你在選擇一個創業的機會、一個美好的未來，你必須了解自己所冒的風險。我們創業的每一筆資金都是辛苦錢，或許一輩子只有這一次機會，選錯了就沒了。創業絕對需要謹慎思考，過於匆促的決定，本質上就是賭博。

在此叮嚀所有對餐飲連鎖加盟有興趣的朋友，或是已經投入此產業的朋友，請記得，當你走上這一條創業路時，要隨時提醒自己：

不要說累，因為你背負許多人的歧視，也背負許多人的期待；

不要偷懶，因為你沒有後路，沒有人會拿錢給你花；
不要抱怨，因為抱怨不能解決問題，只會讓你消沉；
不敢生病，因為沒人可以照顧你；
不敢逃避，因為必須面對股東、員工、家人；
不敢倒下，因為銀行貸款還沒還清！

好的餐飲連鎖加盟系統也有人失敗，不好的餐飲連鎖加盟系統也有人成功。三分靠總部，七分靠自己。或許人總在遭遇一次重大失敗之後才會頓悟覺醒，重新認識自己的能力和格局。無論你在創業加盟的路上遭遇到什麼苦難，都不要一味抱怨，怨天、怨地、怨總部、怨上帝的不公平，甚至從此一蹶不振、喪失鬥志，這些都沒有幫助。人生沒有過不去的坎，只有過不去的人，向勇敢的餐飲人致敬！

文經社
富翁系列 025

開一間會賺錢的餐飲店

30 年專業經理人最不藏私的忠告，從成本結構、用人方法、獲利模式，到連鎖加盟的實戰策略

作　　者／林仁益
特約編輯／陳琡分
主　　編／鄭雪如
封面設計／萬勝安
版面設計／張峻榤
行銷企劃／陳苑如
出 版 社／文經出版社有限公司
地　　址／241 新北市三重區光復路一段 61 巷 27 號 8 樓之 3
電　　話／(02)2278-3158、(02)2278-3338
傳　　真／(02)2278-3168
E-mail／cosmax27@ms76.hinet.net

法律顧問／鄭玉燦律師

發 行 日／2021 年　5 月 初版一刷
　　　　　2021 年 10 月 二刷
定　　價／新台幣 350 元

Printed in Taiwan

開一間會賺錢的餐飲店：30 年專業經理人最不藏私的忠告，從成本結構、

用人方法、獲利模式，到連鎖加盟的實戰策略 /

林仁益著. -- 初版. -- 新北市：文經出版社有限公司，2021.05

面；　公分. --（富翁系列；25）

ISBN 978-957-663-796-4(平裝)

1. 餐飲業管理

483.8　　110004339